Titus Amalu

Impacto do turismo no estatuto cultural do Estado de Cross River, Nigéria

Titus Amalu

Impacto do turismo no estatuto cultural do Estado de Cross River, Nigéria

ScienciaScripts

Imprint

Any brand names and product names mentioned in this book are subject to trademark, brand or patent protection and are trademarks or registered trademarks of their respective holders. The use of brand names, product names, common names, trade names, product descriptions etc. even without a particular marking in this work is in no way to be construed to mean that such names may be regarded as unrestricted in respect of trademark and brand protection legislation and could thus be used by anyone.

Cover image: www.ingimage.com

This book is a translation from the original published under ISBN 978-3-659-86727-9.

Publisher:
Sciencia Scripts
is a trademark of
Dodo Books Indian Ocean Ltd. and OmniScriptum S.R.L publishing group

120 High Road, East Finchley, London, N2 9ED, United Kingdom
Str. Armeneasca 28/1, office 1, Chisinau MD-2012, Republic of Moldova, Europe
Managing Directors: Ieva Konstantinova, Victoria Ursu
info@omniscriptum.com

Printed at: see last page
ISBN: 978-620-8-57399-7

QUADRO DE CONTEÚDO

CAPÍTULO 1

INTRODUÇÃO

1.1 Antecedentes do estudo

O turismo é uma das maiores indústrias do mundo, adoptada pela maioria dos países desenvolvidos para alcançar o progresso económico (Scheyvens & Momsen, 2008). É também utilizado como um meio de desenvolvimento rápido devido às suas implicações económicas incomensuráveis na geração de divisas, na criação de emprego e na estimulação das economias locais (Sindiga, 2005). Com efeito, os governos da maior parte dos países consideram o turismo como um instrumento utilizado para complementar os seus rendimentos internos, para a aquisição de divisas, para a criação de oportunidades de emprego e como um meio fácil de alcançar um avanço económico e infraestrutural sustentável (Dieke, 2003; Gartner, 2004; Wittwer & Horridge, 2007).

Embora o turismo, enquanto indústria complexa, envolva numerosas partes interessadas (por vezes com interesses diversos) e exija uma quantidade significativa de capital, pode ter efeitos positivos ou negativos nas zonas de destino, dependendo da forma como as actividades são geridas. De acordo com Mansour e Mahin (2013), o turismo também desempenha um papel vital no avanço socioeconómico, infraestrutural e cultural das áreas de destino e, como tal, serve como estratégia vital para o crescimento geral na maioria dos países e comunidades, mas também pode ter um impacto negativo, especialmente nas variáveis humanas e naturais da área de destino.

Além disso, as actividades turísticas podem provocar uma interação direta ou indireta com as comunidades de acolhimento. Ao longo do tempo, tem-se verificado que as populações locais são geralmente a parte perdedora das interações entre os turistas e as comunidades de acolhimento, exercendo a influência que podem ter sobre as pessoas de acolhimento. Embora estas influências sejam sempre indirectas e não óbvias, uma vez que são difíceis de substanciar ou quantificar, dependendo dos juízos de valor individuais (UNEP,

2014).

Vários estudos (Markusen, 2006; Kruk & Banskota, 2007; Brida, Riano & Zapata, 2012; Brunt & Courtney, 1999; Njar, 2012; Stronza, 2001; Ratz, 2000; Nzama, 2008; Ruttan, 2004; Srithammasak, 2010; Takahashi & Saakamoto, 2000; Takahashi, 2001; Clutinan, 2008; Muangyai, 2008; Pourafkari, 2009) sublinharam que o turismo provoca muitas alterações nos sistemas de valores das comunidades de acolhimento e que estas afectam a sua identidade indígena. Estas mudanças afectam igualmente a estrutura social, as relações familiares, os estilos de vida colectivos tradicionais, as cerimónias culturais, o estatuto moral e servem também de vetor privilegiado para o intercâmbio intercultural entre as pessoas.

Por outro lado, a Declaração da Cidade do Cabo (2002); Zappino (2005); Mansour e Mahin, (2013); UNEP (2014); Missouri State University (2010); Marzuki (2011); Awang, Wan Hassan e Mohd Zahari (2009); Mohammadi, Khalifah e Hosseini (2010); Mustafa e Abu Tayeh (2011); Ardahaey (2011) sublinhou que o turismo gera contributos consideráveis, uma vez que serve de instrumento para promover a paz, o progresso económico, o avanço das infra-estruturas e também ajuda a evitar a migração urbana descontrolada, criando empregos locais. Entretanto, as questões socioculturais tornam-se vagas quando pessoas com identidades culturais diferentes se encontram. No entanto, os efeitos resultantes dessa interação, que podem ser considerados benéficos por um determinado grupo, podem ser vistos como tendo implicações prejudiciais por outro grupo (Takahashi, 2001; Clutinan, 2008; Muangyai, 2008).

Na maior parte do mundo, o turismo cultural induzido é um dos segmentos mais atractivos da indústria do turismo. Este facto baseia-se na tendência crescente de deslocação de pessoas para actividades e eventos culturais que levam à interação entre pessoas de origens culturais diversas, o que provocou alterações nos valores socioculturais fundamentais, como as festas, o modo de vestir, o tipo de alimentação, o canal de resolução de litígios, a relação familiar, o culto tradicional, o modo de casamento, o estilo de liderança e a ocupação tradicional

(Huh, 2002; Esu & Arrey, 2009).

A cultura é considerada em duas perspectivas. Em primeiro lugar, como um modelo social de crenças dominantes, valores, tradições, conhecimentos consistentes e orientações (normas e sanções) que orientam os processos administrativos, as actividades sociais e o nível de interação humana. Em segundo lugar, como as manifestações físicas do património de uma sociedade que se apresentam como atracções turísticas (Hall, 2000; Muangyai, 2008; Pourafkari, 2009).

Nos últimos tempos, a Nigéria e o Estado de Cross River, em particular, registaram um enorme desenvolvimento do sector do turismo, o que levou a um grande afluxo de turistas à região, tendo em conta a interação entre a indústria do turismo e a população local, o que provocou alterações nos valores socioculturais da população local (modo de alimentação, vestuário, resolução de litígios, passos de dança, eventos, estrutura familiar e festividades), intensificadas pelos turistas que exigem muito dos produtos locais. A medida em que as comunidades de acolhimento observam os impactos socioculturais depende de factores como a taxa de chegada de turistas, o tipo de turistas, o estilo de vida dos turistas, a capacidade de carga do destino, o nível de estabilidade interna da comunidade de acolhimento, o nível de sensibilização dos residentes e a duração da estadia dos turistas na zona, o grau de dependência económica da comunidade de acolhimento em relação ao turismo, a natureza e a taxa de desenvolvimento do turismo na zona, bem como a orientação cultural da comunidade de acolhimento (Esu & Arrey, 2009; Eja & Edu, 2007; Aniah, Eja, Otu & Ushie, 2009).

O Estado de Cross River é um dos pontos de turismo mais frequentados da Nigéria (Esu & Arrey, 2009; Eja & Edu, 2007). É enriquecido com numerosas actividades culturais, como a regata de barcos da marina, os festivais de inhame novo, os festivais de luta livre, a corrida de Obudu Mountain, os festivais Ekpe, o festival cultural Leboku e o festival de Natal do Estado de Cross River. Destes, o festival de Natal do Estado de Cross River, que envolve o carnaval de Calabar, o carnaval das crianças e várias outras actividades, é o evento mais popular e amplamente celebrado no Estado e no país nos últimos tempos (Esu e Arrey, 2009). Estas actividades aumentaram as chegadas de turistas ao destino. Além disso, o Estado está dotado de numerosos potenciais de ecoturismo e atracções naturais, tais como: cascatas (Agbokim e Kwa-fall), reservas de florestas virgens ricas (Afi e as zonas florestais protegidas do Parque Nacional do Rio Cross em Akamkpa, Oban e Okwango), cadeias de montanhas e colinas panorâmicas (estância de montanha de Obudu e arredores) (Aniah, Eja & Otu, 2009).

De facto, os festivais de Natal e de Carnaval atraem turistas de todo o mundo ao Estado para desfrutarem das suas caraterísticas pacíficas, naturais e culturais. No entanto, a questão que preocupa é a de saber se o aumento do número de turistas e das actividades turísticas afectou positiva ou negativamente os valores socioculturais do Estado. É com base no exposto que esta investigação procura avaliar as implicações socioculturais do turismo na população do Estado de Cross River, na Nigéria.

1.2 Declaração do problema

O turismo desempenha um papel vital no desenvolvimento socioeconómico da maioria dos países do mundo (Nzama, 2008; Markusen, 2006; Morakabati, 2007; Alshemeili, 2014). É um dos maiores fornecedores de oportunidades de emprego (Muangyai, 2008) e os seus serviços variam entre viagens, alojamento, restauração e manutenção de produtos locais como o artesanato e a preservação do ecossistema (Mbaiwa, 2008).

O turismo pode ter diversas implicações nos valores socioculturais da população anfitriã, dependendo da coesão tradicional e do sistema de crenças religiosas da população (Kigoth, 2000; Prentice, 2007). A interação entre os turistas e a população local conduziu a diversas mudanças nas áreas de destino turístico e estas mudanças foram observadas como sendo positivas e, por vezes, negativas (Mathieson & Wall, 1982), dependendo das actividades turísticas predominantes ou do nível de sensibilidade dos turistas aos costumes, tradições e normas locais

(Kelly, 2002; Hall, 2000).

De acordo com o Programa das Nações Unidas para o Ambiente (PNUA), (2014), os impactos socioculturais do turismo são as implicações diretas ou indirectas da interação entre as comunidades de acolhimento, os turistas e a indústria do turismo por várias razões. Entretanto, observa-se frequentemente que as comunidades de acolhimento são a parte perdedora das interações entre os turistas e as comunidades de acolhimento. Na mesma linha, as mudanças socioculturais surgem quando o turismo exerce uma enorme influência sobre os sistemas de valores e as actividades culturais, ameaçando a identidade indígena. Também se observam frequentemente mudanças na estrutura tradicional da comunidade de acolhimento, nas relações familiares , nos estilos de vida colectivos tradicionais, nas cerimónias culturais e na moralidade. Do mesmo modo, o PNUA (2013) observou que o turismo também pode ter aspectos positivos nas comunidades de acolhimento, uma vez que pode servir de remédio para o desenvolvimento rápido, a unidade, a paz, promover o avanço cultural e o posicionamento da imagem do destino; e ajudar a evitar uma migração urbana descontrolada através da criação de empregos locais. Nos últimos tempos, vários estudos referiram que os benefícios do turismo para as comunidades locais podem ser observados em vários aspectos dos seus estilos de vida, instalações e infra-estruturas locais (Campbell, 2002; Yang, 2010), proporcionando uma oportunidade de criação de emprego (Larry, 2005; Ukpana, 2005), geração de receitas (Gallouj, 2002; Yamamura, 2004), estimulação de novas empresas (Tomoko & Samuel, 2009; Jenelle, 2004), promoção de uma imagem positiva da área (Pike, 2010; Goodwin, 2008), serve como uma posição crítica do problema da balança de pagamentos (Hernendez & Leon, 2007; Agnes, 2004) e serve como uma importante fonte de geração de divisas (McDonald, 2006; McKercher, 2008).

Além disso, Geels e Keep (2007); Gawler (2005); Hinch e Butler (2007); Huh (2002) e Ardahaey (2011) também mostraram que há um rápido aumento das actividades turísticas na maioria das áreas urbanas e rurais do mundo de hoje e que, devido às interações entre os turistas e a população local, a maioria da população local das áreas de destino dos turistas abandonou os seus valores culturais fundamentais e adoptou estilos de vida estrangeiros. Estas mudanças nos valores socioculturais da comunidade de acolhimento estão a ser observadas no seu modo de vestir (camisas ajustadas ao corpo, calças de cintura baixa, fatos, vestidos, "calções de banho", mini-saias, pestanas artificiais, cabelos artificiais), na atitude em relação às drogas e ao jogo; no aumento do nível de promiscuidade ou de filantropia, no estado de degradação da vida familiar e dos valores sociais entre os jovens de ambos os sexos.

Vários estudos realizados por Srithammasak (2010); Takahashi e Saakamoto (2000); Takahashi (2001); Chutinaan (2008) e Muangyai (2008) também observaram que a indústria do turismo nos países em desenvolvimento influenciou os valores culturais, a atitude em relação às drogas, o estilo de vestir, o padrão de nutrição (escolha de alimentos) das comunidades anfitriãs. À medida que as pessoas no destino se habituam ao consumo de drogas duras e ao envolvimento em jogos de azar como modo de vida, têm tendência para imitar e emular esse estilo de vida. Além disso, o nível crescente de promiscuidade/filantropia entre a maior parte das mulheres jovens, que acabam por ter uma aparência que as torna nuas e sem roupa, leva os homens jovens a terem um desejo incontrolável de sexo, o que conduz à maior parte dos casos de violação.

Além disso, Markusen (2006); Kruk e Banskota (2007); Brida, Riano e Zapata (2012); Brunt e Courtney (1999); Njar (2012); Stronza (2001); Ratz (2000); Nzama (2008) e Ruttan (2004) opinaram que as actividades turísticas na maioria dos países em desenvolvimento do mundo também influenciaram a economia da comunidade anfitriã através da criação de postos de trabalho ou emprego, fornecimento de divisas, desenvolvimento de infra-estruturas e promoção social.

Recentemente, estudos realizados na Nigéria e no Estado de Cross River indicaram que, desde 1999 (início do boom do turismo) até à data, se tem observado um aumento constante do número de turistas que visitam a região para participar em eventos como cimeiras empresariais, festivais culturais, convenções, festivais de inhame novo, casamentos, conferências e cruzadas, competições desportivas e seminários (Aniah et al, 2009). Outros visitam para passar férias ou para conhecer diretamente as atracções naturais e culturais do Estado (Esu & Arrey, 2009). Estes turistas, que incluem pessoas de diferentes tribos, com diferentes valores e crenças culturais e com estilos de vida diversos, interagiram com as comunidades de acolhimento, o que teve um impacto no desenvolvimento socioeconómico da região (; Aniah et al, 2009; Esu, 2013).

Embora vários estudos como Aniah et al (2009); Esu e Arrey, (2009) tenham indicado que a indústria do turismo influenciou positivamente a economia das comunidades anfitriãs através do fornecimento de divisas, emprego, oportunidades de trabalho, desenvolvimento de infra-estruturas, fornecimento de algumas comodidades básicas no Estado de Cross River, no entanto, pouco ou nenhum estudo foi realizado para investigar a influência da interação com os turistas nos valores socioculturais (normas e crenças) da população local. É neste contexto que o estudo procura avaliar os impactos socioculturais do turismo no Estado de Cross River.

1.3 Finalidade e objectivos do estudo

O objetivo deste estudo é examinar os impactos socioculturais do turismo no Estado de Cross River. Outros objectivos específicos são

1. Examinar as caraterísticas demográficas da população estudada nos pólos turísticos do Estado
2. Investigar o volume de chegadas de turistas à zona de estudo
3. Avaliar os factores determinantes da escolha da zona pelos turistas
4. Avaliar os valores socioculturais da zona de destino turístico
5. Investigar a influência da indústria do turismo (serviços de apoio) nas actividades socioculturais das populações

6. Examinar a perceção da população local relativamente aos impactos do turismo no desenvolvimento comunitário

7. Propor soluções para o desenvolvimento do turismo sustentável e a preservação dos valores socioculturais das populações da zona

1.4 Hipóteses de investigação

Foram formuladas e testadas as seguintes hipóteses

1. Não existe uma variação significativa nas chegadas anuais de turistas entre 2003 e 2013 na zona

2. Os objectivos da visita dos turistas à zona de destino não variam significativamente ao longo dos anos.

3. Não existe uma diferença significativa nos valores socioculturais das pessoas antes e depois das interações com os turistas na área de estudo

4. A indústria do turismo não tem impactos significativos no desenvolvimento da comunidade

1.5 Importância do estudo

O turismo está a tornar-se uma abordagem cada vez mais popular para impulsionar o crescimento económico nos países em desenvolvimento. É neste sentido que as conclusões deste estudo pretendem estimular o interesse do governo e das partes interessadas para um esforço renovado no sentido de redirecionar os esforços do governo e dos decisores políticos para garantir que o enorme potencial turístico do Estado é aproveitado para impulsionar a estabilidade económica, cultural e ambiental do Estado. Esta investigação servirá também de base para outras investigações sobre o assunto.

1.6 Âmbito do estudo

O estudo centrou-se nos três distritos senatoriais do Estado de Cross River, tendo sido selecionados três locais no Estado para o estudo, nomeadamente: Obanliku (área de estância de montanha de Obudu) no norte, Yakuur (Ugep) no centro;

município de Calabar e Calabar Sul (metrópole de Calabar) na parte sul do Estado.

1.7 Área de estudo

Esta secção capta as caraterísticas da área de estudo. Centrou-se na localização, história, língua e cultura, economia e actividades turísticas da zona.

1.7.1História do Estado de Cross River

O estado de Cross River é um dos estados da Nigéria e está localizado na parte sul do país. Foi criado no dia 27 de maio de 1967, com capital em Calabar. As suas principais cidades são Akamkpa, Calabar, Ikom, Obubra, Odukpani, Ogoja, Okundi, Ugep, Obudu, Obanliku e Akpabuyo (Osuchukwu & Osuchukwu, 2011).

1.7.2Localização e dimensão

O Estado de Cross River situa-se entre as latitudes $4°57^1$ N e $4°95^1$ N do equador e as longitudes $8°19^1$ E e $8°32^1$ E do Meridiano de Greenwich. O Estado ocupa 20.156 quilómetros quadrados e faz fronteira com o Estado de Benue a norte, com os Estados de Enugu e Abia a oeste, a leste com a República dos Camarões e a sul com Akwa-Ibom e o Oceano Atlântico (Figura 1) (Ohen & Ajah, 2015).

1.7.3Clima

A região é caracterizada por duas estações climáticas principais, nomeadamente, a estação das chuvas e a estação seca. Enquanto a estação das chuvas se estende de abril a outubro e a estação seca se estende de novembro a março, o clima é tropical húmido com uma temperatura média que varia entre 15°C e 30°C e uma precipitação anual entre 1500 - 3000 mm.

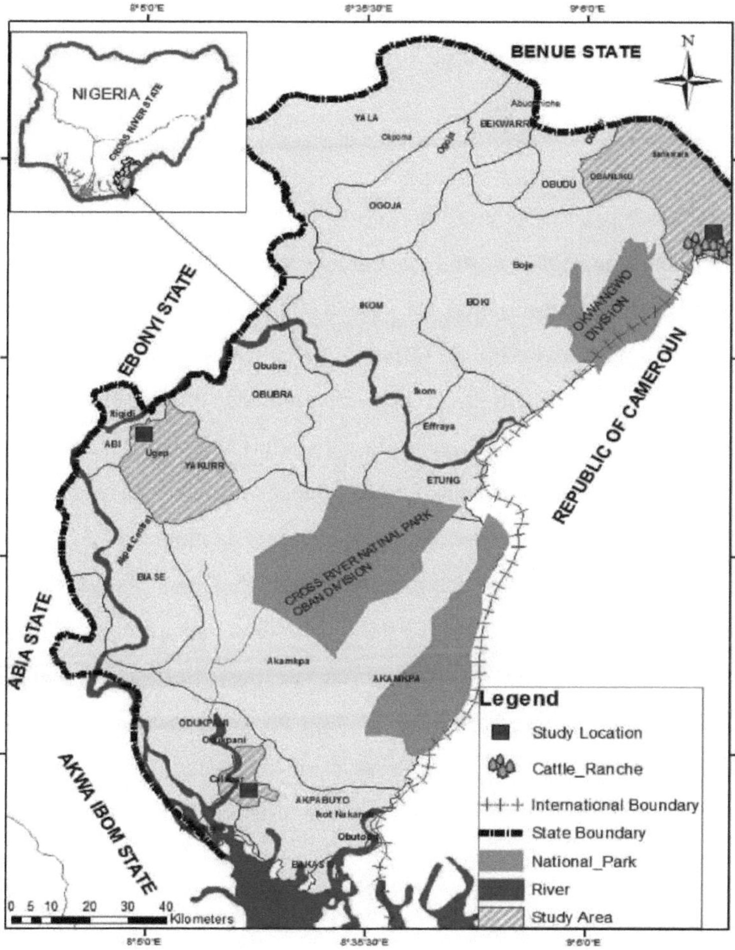

FIG. 1: Estado de Cross River e as áreas governamentais locais estudadas.

Fonte: Departamento de cartografia, Ministério do Território e dos Estudos do Estado de Cross River (2015)

O clima da região é um fator de grande influência para a indústria do turismo (Umoh, Egbara, Mohammed & Essien, 2009; Andrew-Essien & Akintoye, 2012), uma vez que o movimento de pessoas pode ser induzido e controlado pela natureza das condições climáticas prevalecentes numa região (Ayotunde & Ada, 2013).

O clima do Estado de Cross River foi observado como um dos principais factores causais da sazonalidade do turismo no Estado, uma vez que se observa que mais visitantes visitam o Estado durante o período de estação seca de novembro a março (Aniah, Eja & Otu, 2009).

1.7.4Vegetação

A vegetação da região varia entre a floresta tropical húmida, na parte sul, e a savana da Guiné, na região norte, e a floresta tropical do Estado constitui um importante potencial ecoturístico da região (Umoh, Egbara, Mohammed & Essien, 2009; Ikpi, Jenyo-Oni & Offem, 2012; Andrew-Essien & Akintoye, 2012). A floresta tropical abriga várias biodiversidades e tem muitos benefícios socioeconómicos, culturais e sociais para o Estado (Aremu, 2001; Odunsanwo, 2009). A floresta tropical é um centro de actividades turísticas na região, uma vez que alberga várias atracções turísticas, como o dossel da montanha Afi, a estância de montanha Obudu e o parque nacional do Estado de Cross River (Njar, 2012). As caraterísticas da vegetação do Estado são uma das principais atracções turísticas que levam os turistas à região, uma vez que a floresta tropical alberga biodiversidades que se observam estar extintas na maior parte do mundo (Esu, 2013). O parque nacional de Cross River é um bem único e rico da indústria turística do Estado, pois é o centro da atividade turística no Estado (Uwadiegwu, 2002).

1.7.5Língua e cultura

Existem três línguas principais no Estado de Cross River, nomeadamente; Efik, Ejagham e Bekwara (Ayotunde & Ada, 2013). É surpreendente verificar que estes três grupos linguísticos principais têm semelhanças notáveis em termos dos seus antecedentes culturais. Estas semelhanças podem ser observadas nas caraterísticas culturais das pessoas que se relacionam com eventos específicos, tais como festivais ou o seu modo de vida. Também existem semelhanças no padrão das tropas culturais e de dança no Estado de Cross River, que incluem: Ekpe, Nkwa, Obon, Udoiminyang, Abang, Moninkim, Acharbor, Onat Ekertedi, Ayita, Udiang Otichui Ekeledi, Obin, Moninkim, Giza e Aminakwol. As manifestações culturais que assinalam o fim de uma época agrícola bem sucedida são igualmente celebradas no Estado, como nas áreas governamentais locais de Yala, Yarkurr, Obubra, Ogoja, Obudu, Obanliku e Boki. Estes festivais são geralmente eventos anuais e utilizados, na maioria dos casos, para celebrar a rica colheita de uma época agrícola concluída. Tais eventos são os novos festivais de inhame, como o Leboku de Yakurr, o Ibibum e o Ahakpo dos Mbembes em Obubra (Ele, Ibok, Antia-Obong, Okon & Udoh 2013; Udensi, Udoh, Daasi & Igbara, 2012).

1.7.6Economia dos povos

As potencialidades económicas do Estado de Cross River baseiam-se principalmente na agricultura e estão classificadas em dois segmentos: o sector público e o sector privado. O sector privado inclui a agricultura de subsistência, enquanto o sector público envolve grandes plantações e explorações de demonstração controladas ou geridas pelo Governo (Ele, Ibok, Antia-Obong, Okon & Udoh 2013; National Planning Commission, 2005). Os produtos agrícolas predominantes do Estado são a mandioca, o inhame, o arroz, a banana-da-terra, o coco-yam, o milho, o cacau, a borracha, o amendoim e a palma (Ibok, Bassey, Atairet & Obot 2014; State Planning Commission, 2008; National Planning Commission, 2004).

1.7.7Actividades turísticas da população

O desenvolvimento do turismo no Estado de Cross River oferece numerosos centros de instalações turísticas, tais como a estância de Obudu Mountain, o museu da antiga residência, o carnaval de Calabar, as cascatas de Agbokim, a gruta de Etanpim, a estância marina, a estância de negócios de Tinapa, o túmulo de Mary Slessor, o parque nacional de Cross River, as cascatas de Kwa, o lago Obubra, o cenotáfio de Calabar e o artesanato com contas, que é um costume do artesanato do Estado de Cross River (Esu & Ukata 2012).

1.7.8Actividades socioculturais

O Estado de Cross River é dotado de muitas atracções culturais e é digno de nota que, apesar da diversidade linguística, o Estado tem uma rede organizada de eventos e actividades culturais (Osuchukwu & Osuchukwu, 2011), como o festival de inhame yakurr Leboku, a regata de barcos de Calabar, o carnaval de Cross River e o festival de Natal de Calabar, são as principais atracções turísticas que atraem a maioria dos turistas para o Estado e que, por sua vez, dinamizam a economia das zonas de destino (Aniah & Eja, 2005; Esu & Arrey, 2009). Uma questão notável sobre o aspeto sociocultural do Estado é o facto de a cultura dos grupos tradicionais existentes no Estado ter grandes semelhanças. Estas semelhanças podem ser observadas nos seus padrões de eventos culturais e tropas de dança. A maioria das actividades culturais existentes tem implicações agrícolas, uma vez que a maior parte delas é utilizada para celebrar a conclusão bem sucedida de uma época agrícola e são sobretudo eventos anuais (Osuchukwu & Osuchukwu, 2011).

CAPÍTULO 2

REVISÃO DA LITERATURA E QUADRO CONCEPTUAL

2.1 Revisão da literatura

Esta secção centra-se na revisão de trabalhos empíricos de outros académicos relacionados com o impacto sociocultural do desenvolvimento do turismo, especialmente os que se relacionam com o desenvolvimento da comunidade e a melhoria da relação entre os turistas e as pessoas da comunidade de acolhimento.

2.1.1Panorama do desenvolvimento do turismo

As raízes históricas do desenvolvimento do turismo remontam à existência da humanidade na Terra (Havel, 1996; Hanpachern & Chatkaewnapanon, 2013). Pode dizer-se que o turismo tem lugar desde que as pessoas viajaram e permaneceram fora do seu local de residência normal. O turismo moderno pode ser rastreado até ao "grand tour", que envolvia viagens por toda a Europa, empreendidas por pessoas muito ricas e da classe real de países europeus e de outros países desenvolvidos em todo o mundo (Williamson, 1998). Estas actividades prosperaram desde cerca de 1660 até ao advento do trânsito ferroviário em grande escala na década de 1840 (Urry, 2003; Alhroot, 2008). Era vista como uma atividade educativa que implicava dotar as pessoas de conhecimentos que lhes permitissem compreender a organização espacial do mundo e era empreendida por pessoas da classe alta que podiam suportar as implicações financeiras de tal atividade na época (Griffiths, 1972; Alhroot, 2013).

Nesta altura, as primeiras e mais bem estabelecidas estâncias de férias encontravam-se na Grã-Bretanha e em França (Riviera Francesa, Hotel Bristol, Hotel Chariton e Hotel Majestic (Leiper, 1983). Thomas Cook organizou o transporte de um grupo de cerca de 540 cruzados de Leicester Campbell para participarem numa convenção em Loughborough, que ficava a cerca de onze milhas de distância, tendo sido utilizado para a viagem um navio de cruzeiro inventado pela Peninsular and oriental steam routing company em 1844 (Beaver,

2002). Albert Ballin, um homem de negócios alemão, iniciou então uma viagem com um navio chamado Augusta Victoria de Hamburgo através do Mar Mediterrâneo no ano de 1899 (Karanasios & Burgess, 2008).

Com a melhoria da tecnologia, o turismo de massas foi então alargado, o que melhorou o sector dos transportes e um grande número de pessoas viajou para diferentes locais num curto espaço de tempo para desfrutar do seu lazer, o que fez com que muitas pessoas desfrutassem dos benefícios do tempo de lazer (Declaração de Manila sobre o turismo mundial, 1980). Recentemente, verificou-se um rápido aumento do turismo e das actividades turísticas nas últimas décadas, especialmente na Europa e na América, onde as viagens internacionais de lazer são mais regulares e comuns (Ritchie, Amaya Molinar & Frechting, 2011). Um maior avanço na tecnologia e nas infra-estruturas de transporte, que levou à invenção de jactos jumbo, companhias aéreas de baixo custo e pistas de aterragem e aeroportos normalizados, tornou a indústria do turismo mais conveniente, interessante, atractiva e acessível (Urry, 2003).

A OMT (2009) estimou que há quase quatro milhões de pessoas a viajar de avião em qualquer altura. Este rápido aumento da população de viajantes e turistas conduziu a mudanças nos estilos de vida, em que algumas pessoas em idade de reforma mantêm o turismo durante todo o ano através da venda de produtos e serviços turísticos na Internet (Ritchie, Amaya Molinar & Frechtling, 2011) e da oferta de pacotes promocionais dinâmicos por parte de empresas e sítios turísticos (Lew, 2008).

Embora tenha havido um amplo e tremendo sucesso registado pela indústria do turismo através do avanço económico, infraestrutural e social das regiões de destino, também existem contratempos registados na indústria, como o ataque de setembro de 2009 e outras ameaças terroristas aos destinos turísticos (Ritchie, Amaya, Molinar & Frechtling, 2011). Com o objetivo de melhorar a imagem do sector, foi recentemente inovado o conceito de desenvolvimento sustentável, que consiste em promover a utilização conservadora dos recursos de forma a satisfazer as necessidades humanas imediatas, mantendo a integridade cultural, os processos ecológicos essenciais, a diversidade biológica e os sistemas de apoio à vida, sem limitar a oportunidade de as gerações futuras usufruírem dos dividendos desses recursos (OMC, 2013).

Do mesmo modo, Murphy (1985) sugere a utilização de uma abordagem ecológica da utilização de recursos para avaliar a relação entre o turismo e a sustentabilidade ambiental ao implementar os processos de desenvolvimento do turismo sustentável, enquanto o PNUA, (2014) sugere que o turismo sustentável é observado como uma ferramenta de desenvolvimento para melhorar as capacidades ecológicas e socioculturais e também defende o envolvimento da população local nas fases de desenvolvimento do turismo (planeamento, implementação e partilha de benefícios). Envolve também a elaboração de políticas que aliviem ou erradiquem os impactos económicos e socioculturais negativos do turismo de massas (OMT, 2009).

O turismo na Nigéria remonta aos primórdios da vida e da civilização antiga (Ifegbo, 2005). Ebaji (2007) observou que o desenvolvimento do turismo na Nigéria começou em 1962. Ukpanah (1991) referiu que o turismo na Nigéria começou com a formação de um organismo chamado Nigerian Tourist Association (NTA). O organismo tinha o reconhecimento da União Internacional das Organizações Oficiais de Viagens (UIOTO), atualmente conhecida como Organização Mundial do Turismo (OMT). Esu (2013) salientou que, devido à pressão exercida pela NTA, o Governo Federal da Nigéria, em 1971, contratou o Banco Africano de Desenvolvimento (BAD) para efetuar um estudo de viabilidade com vista a determinar o potencial turístico da Nigéria. No final do exercício, o relatório do BAD indicou que a Nigéria tem um enorme potencial turístico que pode alimentar o seu desenvolvimento económico. Com base na recomendação do estudo, o Governo Federal da Nigéria promulgou o decreto n.º 54 de 1976. O decreto criou o Conselho de Turismo da Nigéria (NTB) para substituir a antiga Associação de Turismo da Nigéria. Em 1989, realizou-se em

Maiduguri uma conferência nacional sobre turismo. O objetivo da conferência era avaliar o estado do desenvolvimento do turismo no país em relação ao desempenho do Conselho Nacional de Turismo. A recomendação da conferência levou à criação de um departamento de turismo no Ministério do Comércio em 1992 e o decreto n.º 54 de 1976 foi substituído pelo decreto 81 de 1992. As principais funções do NTDC incluem, entre outras coisas, encorajar as pessoas a visitarem os numerosos locais turísticos do país e encorajar a disponibilização e a melhoria das comodidades turísticas e das instalações no país (Esu, 2013).

Recentemente, no Estado de Cross River (especificamente a partir de 1999), o turismo foi classificado como uma das principais fontes de melhoria socioeconómica (Aniah, Eja, Otu & Ushie, 2009), uma vez que provou o seu poder ao influenciar as oportunidades de emprego através da criação de postos de trabalho (Njar, 2012; Eja & Edu, 2007; Akpan & Obang, 2012), o avanço estético através do desenvolvimento de infra-estruturas (Esu, 2013), a pluralidade cultural através da promoção de eventos tradicionais (Esu & Arrey, 2009; Nwakonobi, 2004) e a melhoria das receitas geradas internamente através da oferta da indústria hoteleira e de outros novos estabelecimentos comerciais ou instalações de apoio ao turismo (Uwadiegwu, 2002; Aremu, 2001).

2.1.2Conceito de desenvolvimento turístico

O turismo tem sido definido de diferentes formas por diversos académicos ao longo do tempo e, enquanto indústria complexa, é composto por diferentes empresas, sendo o tema comum o facto de fornecerem produtos e serviços aos turistas. Hunziker e Krapf (1941) definem o conceito de "turismo" como a aglomeração ou a totalidade de eventos e actividades que envolvem a viagem e a estadia de visitantes que não implicam uma residência duradoura e não estão ligados a qualquer atividade que acompanhe qualquer tipo de remuneração. A Tourism Society of England (1976) também definiu o turismo como o movimento de curta duração de pessoas para locais fora do seu local habitual de residência ou de trabalho. A Associação Internacional de Peritos Científicos em Turismo (1981) descreveu o turismo como uma atividade escolhida e realizada fora de casa.

A Agência dos Estados Unidos para o Desenvolvimento Internacional (2014) define o turismo como a viagem para actividades recreativas, férias, peregrinação religiosa, fins familiares ou de negócios, realizada num período de tempo limitado. O turismo envolve normalmente viagens para além das fronteiras de um país e é designado por turismo internacional, enquanto as viagens para outro local dentro do mesmo país são designadas por turismo interno (WTTC, 2014). Além disso, a Organização Mundial do Turismo (2010) descreve os turistas como pessoas que viajam para locais fora do seu ambiente normal por um período não superior a um ano consecutivo para passar o seu tempo de lazer, negócios e outras actividades privadas. Recentemente, observou-se que o turismo se tornou uma atividade vocacional popular universal e pode ser aplicado a nível nacional ou internacional, uma vez que o turismo nacional se refere aos turistas que visitam um destino dentro do seu país, enquanto o turismo internacional se refere aos turistas que visitam um destino fora do seu país de residência (Taylor, 2008). Entre estes dois tipos de turismo, o turismo internacional tem nuances tanto de entrada como de saída num país ou região de destino do que o turismo doméstico, uma vez que o primeiro tem uma implicação económica preponderante na área de destino, uma vez que traz divisas para a área.

Académicos e organizações de todo o mundo (Corwell, 2008; Loo & Davies, 2006; Barnes, 2006; Abbott, 2013; OMT, 2012; UNEP, 2014), na ânsia de compreender plenamente o conceito de turismo, definiram e descreveram o turismo de diferentes formas. A publicação mais recente da Organização Mundial do Turismo, UNTWO (2014), descreveu o turismo como uma atividade colectiva, cultural e económica que envolve a deslocação de pessoas para destinos ou países por motivos privados, comerciais ou profissionais e as pessoas que se envolvem nesta viagem são chamadas turistas e o turismo também envolve actividades que implicam despesas monetárias.

Da mesma forma, Alshemeili, (2014) e Yeo, (2013) enfatizaram que o turismo tem inferências sobre a economia, o ambiente natural e o meio ambiente, os residentes locais no destino e os turistas, e o turismo é observado como a forma mais eficiente de satisfazer as necessidades de recreação, combinando uma série de actividades recreativas, cumprindo objectivos como a recuperação da saúde, o enriquecimento do conhecimento e a restauração da capacidade prolífica (Sia, 2011; Alhasanat, 2008). Marrison (2004) e Mason (2004) também defendem a opinião de que o turismo conduz à manutenção da saúde, à educação física e à promoção intelectual, cultural e social dos indivíduos. Morachat

(2003) e Morakabati (2007) descreveram o turismo como uma das maiores empresas do mundo, considerada auto-motivada, em evolução e orientada para o consumidor . Ujang (2009) sublinhou que o turismo envolve viagens, alojamento, serviços de alimentação e recreação e, por inferência, portanto, o turismo envolve a atividade, o negócio ou a especialização de transporte (viagens), alojamento e restauração. Mbaiwa (2008) descreveu o turismo como um fenómeno que consiste em duas componentes essenciais, ou seja, uma origem e um destino. A primeira é representada pela procura dos turistas ou pelo turismo e a segunda é descrita como a oferta turística (Uysal, 2000). Os dois componentes juntos formam o sistema turístico, que é o resultado da interação entre a procura e a oferta.

Moreso, Aref e Marof (2008); Robert (2004) expressam o turismo como uma amálgama de actividades, serviços e indústrias que transmitem um conhecimento de viagem a pessoas e grupos que se deslocam das suas casas com o objetivo de prazer. Huang, Wall e Mitchell (2007); Kotlinski (2004) afirmam que os sectores de atividade que constituem a indústria do turismo incluem os transportes, o alojamento, os locais para comer e beber, os supermercados, as lojas de venda a retalho, os locais de entretenimento, as instalações recreativas e uma variedade de prestadores de serviços de apoio à hospitalidade para satisfazer os turistas. As actividades ou artefactos turísticos não são gerados por uma única empresa, organização sem fins lucrativos ou organização governamental, mas implicam o ato de "satisfazer a experiência do visitante" (Guan, 2008; Kamauro, 2007;

Prentice, 2007).

No entanto, a Organização Mundial do Turismo reconheceu que o turismo é um dos sectores económicos de crescimento mais rápido, que gera receitas em divisas para os países e cria oportunidades de emprego ou postos de trabalho. Simpson (2007) também retorquiu que os empregos no turismo não são criados apenas diretamente, mas em indústrias de apoio ao turismo relacionadas e trazem muitas oportunidades económicas para as comunidades locais, mas Mugbul (2009); Odunsanwo (2009) e Okech (2008) relataram que tem havido um amplo clamor para que o turismo convencional cumpra requisitos ambientais mais rigorosos, uma vez que a natureza, o património e os destinos recreativos se tornaram mais importantes para os residentes anfitriões, apresentando um desafio ao governo e às empresas privadas para desenvolver novas abordagens para o mercado do turismo (Brida & Zapata, 2010). Singla (2014) salientou que, para que o desenvolvimento do turismo seja bem-sucedido, deve beneficiar as populações locais económica e culturalmente e também proporcionar-lhes o incentivo de proteger os recursos naturais que criam a atração. Em tudo isso, a indústria do turismo é percebida como complexa em termos de mensurabilidade e definição de variáveis e muito precisa ser feito para garantir uma melhor apreciação do conceito 'turismo' em sua visão geral (Schofield, 2004)

2.1.3Turismo e desenvolvimento socioeconómico

O turismo é uma empresa em rápido crescimento e um sector vital, que contribui para o avanço da economia mundial (Douglas, 2011; Gawler, 2005; Esu & Ukata, 2012). O turismo influencia a economia e os valores socioculturais das comunidades de acolhimento e provou ser um importante recurso de rendimento para a maioria dos destinos em todo o mundo (Andrew-Essien & Akintoye, 2012). Existem receios genuínos e aparentes que são atribuídos ao turismo como tendo impactos negativos nas comunidades anfitriãs e isto está largamente ligado a uma gestão inadequada dos empreendimentos de turismo de massas, tal como acontece com a maioria das actividades económicas, estes factores de dissuasão devem ser minimizados e considerados em relação aos benefícios que acompanham o desenvolvimento do turismo (Hinch & Butler, 2007).

Embora Napal (2007); Zahra e Ryan (2007) tenham referido que, em todo o Sudeste Asiático, existem exigências significativas para que as comunidades procurem outros factores de crescimento económico, em geral, o turismo tem sido reconhecido como uma fonte principal ou substancial de progresso económico através da oferta de oportunidades de emprego e da geração de rendimentos através de impostos e taxas. O turismo também pode apoiar os princípios do desenvolvimento sustentável e uma das tarefas do turismo é garantir que os destinos estejam posicionados para suportar adequadamente os desafios pendentes do desenvolvimento sustentável e, como tal, ajuda as comunidades a terem a capacidade de tomar decisões valiosas relacionadas com o desenvolvimento do turismo (Jamieson, 2003).

No entanto, existem contradições e conflitos entre os planeadores e os decisores políticos, em que os conservacionistas consideram que o turismo de massas compromete a utilização sustentável dos recursos com o objetivo de maximizar os lucros (Nuryanti, 1996; Skyttner, 2006; Napal, 2007). Por conseguinte, a gestão sustentável dos destinos turísticos é um dos desafios para os gestores de turismo (Zomeni, Tzanopolos & Pantis, 2008; Yang, 2006). Para que um destino turístico seja gerido de forma sustentável, deve existir um processo de planeamento e implementação eficiente, que é essencial para garantir o desenvolvimento e o crescimento sustentáveis dessas áreas de destino (Napal, 2007; McDonald, 2006; Geels & Kemp, 2007).

Tendo em conta o facto de a natureza da indústria do turismo ser seccionada, existe uma necessidade pertinente de colaboração do turismo no planeamento geral das estratégias de desenvolvimento comunitário (Hall, 1994; 2000; Robert & Simpson, 1999; Robinson, 2006; Dieke, 2003; Gartner, 2004). Por conseguinte, todas as partes afectadas por um desenvolvimento turístico proposto devem ser envolvidas no processo de planeamento (Zhong, Deng & Xiang, 2007; Mowforth

& Munt, 1998; Skyttner, 2006). Ao envolver todas as partes no processo de planeamento, reduzem-se os possíveis conflitos entre os turistas e as comunidades de acolhimento (Yang, 2006; Swarbrooke, 1999; Yamamura, 2004; Bramwell & Lane, 1999). É, de facto, necessário e crucial que os planeadores e gestores de turismo colaborem com a comunidade para garantir que a confiança da comunidade na gestão e desenvolvimento do turismo seja reforçada (Tomoko & Samuel, 2009; Inthaphome, 2009; Aref & Redzuan, 2009).

Estudos demonstraram que as comunidades que participam ativamente nas fases de desenvolvimento do turismo (planeamento, implementação e partilha de benefícios) asseguram uma atitude mais positiva e de apoio e têm mais oportunidades de alcançar o sucesso do que aquelas em que as pessoas estão passivamente envolvidas (Hernandez & Leon, 2007; Glover, 2006; Agnes, 2004). Um aspeto muito importante do desenvolvimento do turismo sustentável é a participação da população local (Goodwin, 2008; Hall, 2004). Isto implica dar à população local a oportunidade de participar ativamente nos processos de desenvolvimento e a capacidade de tomar e executar decisões que assegurem a sustentabilidade da sua economia, ecologia e sustentabilidade dos produtos locais (Hafsi & Zhilong, 2005; Ivanovic & Baldigara, 2007; Lee & Chien, 2008).

Na maioria dos países com turismo em expansão, a indústria do turismo está devidamente planeada e organizada, o que significa que há pouca dependência da urbanização ou de bens importados para sustentar a atividade turística (Hovinen, 2002; Goosling, Nzama, 2008; Hernandez & Leon, 2007).

O turismo sustentável ou de base comunitária incentiva as empresas de pequena escala, exploradas ou detidas localmente e a produção de produtos locais. Neste caso, o sucesso depende exclusivamente das actividades empresariais dos residentes e da população local (Pavlovich, 2003; Napal, 2007; Schofield, 2004; Taylor Jr & McGlynn, 2009). Os turistas fazem circular dinheiro na economia da comunidade de acolhimento através da compra ou do pagamento de produtos, serviços e experiências locais (em grande parte, alimentação, alojamento, viagens e entretenimento) (Kotlinski, 2004; Horridge & Wittwer, 2008; Huang, Wall & Mitchell, 2007). Embora o maior lucro seja obtido com os visitantes que pernoitam, também podem ser gerados lucros substanciais através do sector do tráfego e dos transportes (Aref & Ma'rof, 2008; Lundie, Dwyer & Forsyth, 2007; Pike, 2010).

O turismo oferece perspectivas de desenvolvimento regional, em particular, e as áreas de destino experimentam mudanças físicas e estruturais (McLennan, 2005; Popesku & Hall, 2004; Schianetz, Kavanagh & Lockington, 2007). Sendo uma indústria de mão de obra intensiva, o turismo oferece oportunidades consideráveis de emprego e formação para a população local e os residentes (Moyle, Croy & Weiler, 2010; Papatheodorou, 2004; Metelska-Szaniawska, 2008; Khadaroo & Scetanah, 2007). A oferta de produtos turísticos não implica necessariamente a construção de complexos magníficos, mas o planeamento e a execução do centro turístico devem ser premeditados para girar em torno de caraterísticas únicas de interesse, tais como sítios do património natural, exposições culturais, actividades de lazer ou económicas nas áreas de destino (Taylor, 2008; Sergeyer & Moscardini, 2006). Para o efeito, as áreas de destino turístico devem evitar a sensação de que têm de construir complexos magníficos para se tornarem um verdadeiro destino; em vez disso, devem concentrar-se nas suas qualidades únicas em vez de tentarem replicar outros destinos turísticos (Pike, 2010; Robert, 2004; Guan, 2008).

O desenvolvimento turístico que envolve atributos naturais e culturais existentes oferece frequentemente uma série de dividendos às comunidades de acolhimento (McDonald, 2006; Napal, 2007; Janelle, 2004; Hall, 2004). A melhoria das infra-estruturas (eletricidade, água e telecomunicações) (Schofield, 2004; Glover, 2006), o acesso, os serviços (bancos, transportes) (Spitzer, 2007; Saarinen, 2004) e os novos investimentos (Lee & Chien, 2008; Pike, 2010; Robert, 2004), contribuem para melhorar o estilo de vida da comunidade de acolhimento (Williamson, 2000; Yang, 2006; Wegner & Tremblay, 2009). O apoio comunitário incluiria actividades que promovem a comunidade e proporcionam benefícios tangíveis (Napal, 2007; Seliger, 2002; Kamauro, 2007).

O turismo também pode ajudar a incentivar a realização individual da população local, uma vez que os visitantes ou turistas escolhem visitar um destino por determinadas razões que devem ser convincentes para eles. No entanto, a atitude da comunidade em relação ao turismo e a outras empresas ou projectos de desenvolvimento depende em grande medida dos benefícios físicos e económicos, sendo mais provável que as comunidades organizadas participem em actividades recreativas e de lazer (Kigoth, 2000; Prentice, 2007; Dieke, 2003), uma vez que as instalações turísticas devidamente planeadas ajudam os visitantes a sentirem-se bem-vindos e incentivam uma contribuição sustentável para o progresso e o desenvolvimento da comunidade (Hall, 2003; Robinson, 2006). Em conclusão, McGregor (2001) observou que o turismo é um catalisador de um vasto e rápido crescimento económico no Sul da Austrália. Tosun (2009) afirma que o turismo exige e provoca o desenvolvimento de infra-estruturas na área de destino. 2.1.4 Cultura e desenvolvimento turístico

A cultura pode ser descrita como um determinante básico dos desejos e do comportamento de uma pessoa (Bardolet & Sheldon, 2008; Spencer & Holecek, 2007). A perspetiva cultural de uma pessoa consiste nos valores, percepções, desejos e comportamentos básicos que uma pessoa aprende continuamente numa sociedade. Diferentes contextos culturais conduzem a diferentes padrões de comportamento (Cuccia & Rizzo, 2011). A investigação confirmou que as percepções e o comportamento dos turistas variam de acordo com os antecedentes culturais (Mbaiwa, 2008).

O conceito de "revitalização cultural" é uma atividade orientada para o despertar de uma parte enfraquecida e em vias de desaparecimento da cultura (Comissão Mundial para a Cultura e o Desenvolvimento, 1995). Tosun (2002) salienta que o turismo pode conduzir a conflitos sociais nas comunidades de acolhimento devido à interação de pessoas com valores socioculturais, estatuto económico, prioridades e poder de compra diferentes (Tosun, 2002). Wamwara-Mbugua e Cornwell (2008) sublinharam que a cultura se baseia na disposição estrutural das propriedades sociais e tradicionais de um determinado grupo de pessoas ou tribo. Assim, as práticas tradicionais e culturais são vistas como um meio de conter as dificuldades e os desafios (Kibicho, 2005). Além disso, (WTTC, 2014) salienta que, quando as sociedades enfrentam uma cadeia de desafios, as pessoas tornam-se contemplativas durante um período de tempo devido ao medo do desconhecido, o que pode levar à materialização do conceito de revitalização cultural. Este conceito é amplamente considerado como um esforço frenético e antecipado por parte dos residentes ou cidadãos para criar um sistema de costumes e crenças justificado e sustentável. As principais caraterísticas ou desafios do processo de difusão cultural são o facto de produzir mudanças nas crenças e no estilo de vida dentro de todo um sistema (Mohammadi, Zainab & Hasan, 2010; Cuccia & Rizzo, 2011), mas não depende inteiramente de um plano ou intenção antecipada por parte dos membros de uma comunidade de acolhimento (Spencer & Holecek, 2007). Isto é consistente com os resultados de outros estudos que enfatizaram que os benefícios económicos e infra-estruturais da indústria do turismo são vistos como os seus factores encorajadores e positivos, enquanto os impactos tradicionais, socioculturais e ambientais são percebidos como factores negativos ou de pressão para as comunidades de acolhimento e destinos (Tosun, 2002; Mbabazi, 2013).

Do mesmo modo, Mbaiwa (2008) indica que o turismo tem implicações positivas e negativas nas caraterísticas socioculturais das áreas de destino. McDonald (2006) sublinhou que algumas das influências socioculturais positivas incluem a geração de rendimentos, a oferta de oportunidades de emprego, o avanço das infra-estruturas (aeroporto, pista de aterragem, estrada alcatroada, hotéis, pousadas e estâncias) e a oferta de serviços sociais (bancos, instalações de saúde, instalações de telecomunicações e fornecimento de eletricidade). Ma e Yeh (2010); Hairston e Strickland (2011) também sublinharam que as implicações socioculturais negativas que acompanham a indústria do turismo envolvem a deslocalização das comunidades tradicionais (deslocação da identidade cultural indígena), a deterioração da estrutura familiar tradicional, o aumento da taxa de criminalidade, o aumento da prostituição e das actividades de prostituição, a adoção de um estilo de vida ocidental em termos de vestuário, língua e alimentação e o abandono do sistema de crenças tradicional ou indígena. Leonard (2008); Jamar e Pitts (2005) salientaram que o turismo deve ser sensível às normas e crenças culturais locais para ser adequado às populações locais e promover o desenvolvimento sustentável, sendo este conceito descrito como turismo cultural.

O turismo cultural é também um meio de assegurar o domínio e o envolvimento das populações locais na prática e no apoio das actividades turísticas tradicionais, o que pode ser reforçado através do investimento em actividades que melhorem os estilos de vida e o valor da vida, com a intenção de valorizar os valores culturais através de projectos turísticos. Para tal, os projectos culturais também dependem totalmente do desenvolvimento de planos estratégicos, da avaliação e da comercialização dos produtos turísticos locais. Aqui, o papel da parceria e da colaboração dos planeadores e gestores de projectos turísticos com a população local torna-se crítico, muito imperativo e crucial para o sustento do negócio do turismo (Comissão Mundial para a Cultura e o Desenvolvimento, 1995).

O turismo, como uma das indústrias empreendedoras do mundo, é reconhecido como uma entidade vibrante, em evolução e orientada para o consumidor (Prentice, 2007). O âmbito do turismo envolve viagens, alojamento, serviços de alimentação e actividades recreativas e, por esta implicação, o turismo é uma atividade, um negócio, um desempenho, uma experiência, um movimento, alojamento e restauração; e, acima de tudo, envolve uma estadia temporária fora do seu domínio (Lane & Hartesvelt, 2003).

Pelo contrário, a cultura é entendida como um comportamento natural e restritivo que implica atitudes, crenças, costumes e outros atributos tradicionais. Por conseguinte, o turismo cultural é uma parte do turismo que envolve a aglomeração do estilo de vida e da tradição de uma determinada região ou comunidade (Urry,

2003). Entretanto, o turismo cultural não tem limites e, como tal, pode existir em todo o lado. Nas zonas rurais, envolve a exibição da variedade de valores e eventos tradicionais, enquanto num ambiente urbano, envolve a compreensão e exibição dos seus atributos históricos, antigos e modernos. O turismo cultural tem, de facto, atraído numerosos turistas ou visitantes que têm promovido e encorajado um avanço económico constante (Lew, 2008).

Além disso, Formica e Kothari (2008); Singla (2014) afirmam que os benefícios do turismo superam os custos do turismo, mas Abby e Geoffrey (2006) argumentam que a diferença na perceção dos residentes ou dos anfitriões em relação ao desenvolvimento do turismo pode ser influenciada por alguns factores sociodemográficos, como a educação e o estado civil, e que as pessoas que dependem economicamente da indústria do turismo têm uma perceção positiva do turismo.

Além disso, Dogan (1989) enfatizou que o turismo é uma das principais fontes de contacto intercultural entre os turistas e as comunidades de acolhimento, Mbabazi (2013) também explicou que a opção de técnicas utilizadas para minimizar as mudanças que acompanham o desenvolvimento do turismo depende das caraterísticas socioculturais e da coesão tradicional da comunidade de acolhimento e do nível em que as pessoas participam nas actividades turísticas. Na mesma linha, Gallouj (2002) retorquiu que o turismo convencional pode introduzir mudanças ou perda de identidade ou valores locais e leva a influências negativas no sistema de valores tradicionais e no comportamento das comunidades anfitriãs e prejudica a sua identidade indígena através de alterações nos seus atributos tradicionais.

O turismo, em termos gerais, tem sido concebido como um fator de unificação mundial, uma vez que é um meio de aproximar pessoas de diferentes origens, estilos de vida, raças, cores e estatutos demográficos (Formica & Kothari, 2008; Singla, 2014). Estas implicações e capacidades do turismo a nível global fizeram do turismo um agente de reforço dos direitos humanos, da justiça social e da autodeterminação dos aborígenes ou grupos indígenas (Mbaiwa, 2008). Não se trata de questões separadas, mas sim de questões sobrepostas, como a declaração das Nações Unidas sobre o direito dos povos indígenas à sua cultura e costumes (Smith, 2001; McLaren, 2003; OMC, 2011). Wegard (2008) também referiu que existe uma restrição à adesão às recomendações da convenção da OIT (1989) e que este âmbito restrito limita aparentemente a sua relevância global e não considera os direitos políticos e a autoridade dos povos indígenas, reconhecendo-os apenas como povos ainda por libertar (Wegard, 2008). Entretanto, são geralmente considerados fracos e vulneráveis (UNEP, 2013), uma vez que os seus valores culturais estão ameaçados e, por conseguinte, necessitam de uma atenção séria e urgente para garantir uma utilização suficiente e a sustentabilidade (Okech, 2008; WTTC, 2014).

A ligação entre o turismo e a revitalização do sistema de valores culturais é seriamente apoiada (WTO, 2005), na medida em que sempre que a cultura dos povos indígenas é ameaçada, este movimento envolve-se e intervém no sentido de ressuscitar os seus estatutos culturais (Wegard, 2008; Olsen, 2003). No entanto, Terkenli, Bellas e Jenkins (2007), numa tentativa de contribuir para a compreensão das percepções locais da revolução sócio-espacial através de processos de uma nova economia cultural, consideram que o turismo tem um impacto considerável nas populações em termos de infra-estruturas, desenvolvimento económico e fornecimento de comodidades sociais (eletricidade, água corrente, melhores condições sanitárias), mas Miller (2006) postula que, a longo prazo, as implicações socioculturais e ambientais do turismo serão observadas como sendo mais prejudiciais do que benéficas para os benfeitores dos actuais benefícios do turismo. Li (2005); Chutinaan (2008) afirmam que, para que o turismo seja sustentável e bem-sucedido, é necessário que os planeadores, gestores e turistas respeitem a cultura da população local e que a forma segura de garantir que isso seja feito é envolver a comunidade anfitriã em todas as fases do desenvolvimento do turismo, apelando assim à participação da população local nos processos de desenvolvimento do turismo.

A participação comunitária é, sem dúvida, uma das principais caraterísticas do reforço das capacidades da comunidade através de um envolvimento efetivo e equitativo nos processos de desenvolvimento (Mrnjavac & Ivanovic, 2007; Eja & Edu, 2007; Sia, 2011). É um dos meios para incentivar as pessoas a participarem no processo de construção da comunidade (Kelly, 2002; Aniah, Eja, Otu & Ushie, 2009). A participação comunitária continua a ser um fator vital para o desenvolvimento da comunidade e é um dos principais defensores do reforço das capacidades da comunidade (Olojessusi, 2005; Larry, 2005; Campbell, 2002), que incentiva o envolvimento das pessoas da comunidade no processo e nas fases do exercício de desenvolvimento comunitário (Aref & Ma'rof, 2008; Dieke, 2003; Hall, 2004; Robinson, 2006).

A participação da comunidade foi introduzida como um conceito-chave para assegurar o desenvolvimento sustentável do turismo (Gartner, 2004; Ormsby & Maunle, 2006). O exercício de participação comunitária reforçada é um núcleo importante para assegurar que a capacidade da comunidade está equipada para absorver desafios (Lasker, Weiss, & Miller, 2001; Ukpanna, 2005; Lucas, 2003). No desenvolvimento do turismo, a participação da comunidade é vista como uma estratégia empregue para distribuir equitativamente os benefícios do desenvolvimento do turismo entre as pessoas da comunidade de acolhimento (Prentice, 2007; Kigoth, 2000; Cali, Ellis, & Willem te Velde, 2008). O Banco Mundial identificou a falta de participação da população local nos processos de desenvolvimento como a única responsável pelos lapsos nos esforços de desenvolvimento comunitário na maioria dos países em desenvolvimento (Banco Mundial, 1993; UNEP, 2012; WTTC, 2014). Entretanto, foi reconhecido que existe uma relação significativa entre a descentralização e a participação nos processos de desenvolvimento (Khadaroo & Seetanah, 2007; Bardolet & Sheldon, 2008; Brida & Zapata, 2010). Sem um sistema administrativo organizado, o envolvimento das populações locais é inútil e, por sua vez, infrutífero (Parker, 1995; Rondinelli, 2000; Cornwell, 2008). Deve-se reconhecer que a participação da comunidade geralmente conota a colaboração entre a população local ou comunidade com o governo ou investidores privados nas fases de planeamento, implementação e processos de partilha de benefícios de projectos turísticos (Wu & Dwyer, 2010; Uwadiegwu, 2002).

Além disso, Aref e Redzuan (2009) descrevem a participação da comunidade como a atribuição de um papel à população local nos processos de desenvolvimento do turismo. Por conseguinte, a participação da comunidade é fundamental para garantir a capacitação adequada da comunidade no desenvolvimento do turismo (UNEP, 2012; WTTC, 2014). Taylor Jr & McGlynn (2009) sublinharam que, sem a participação da comunidade, evidentemente não existem empresas (Taylor Jr & McGlynn, 2009; Pike, 2010, McLennan, 22005; Napal, 2007), sem desenvolvimento (Hall, 2004; Lee & Chien, 2008; Simoni & Mihai, 2012), sem sustentabilidade (UNEP, 2012; Zaei & Zaei, 2013; Glover, 2006) e sem programa (Markusen & Schrock, 2006; Markusen, 2004; Power, 2002; Miller, 2005). Assim, a falta de envolvimento da comunidade nas fases de desenvolvimento do turismo pode levar a um colapso na sustentabilidade e nas realizações da indústria do turismo (Kibicho, 2005; Miranda, 2007).

Além disso, Pike (2010); Taylor (2008); Cornwall & Coelho (2006) descrevem a participação comunitária como um processo de trânsito que emana do envolvimento passivo para o envolvimento ativo através da gestão de empreendimentos ou da propriedade de empresas (Brida & Zapata, 2012).

Diversos estudos (Leksakundilok, 2006; Tosun, 1999, 2006, 2000; Matthews, 2003; Mitchell & Shortell, 2000; Jones, 2003; Abbott, 2013; Saufi, O'Brien & Wilkins, 2013; Leena, Tuula & Heikki, 2013) sugerem que a participação comunitária deve ser considerada na perspetiva das suas capacidades categóricas adaptativas com etapas de diversas formas de desenvolvimento comunitário. Aref & Redzuan (2009); Tosun (2006); Cullen (1996) estabeleceram um método de participação comunitária baseado no turismo, que assenta os seus princípios e filosofia em alguns modelos de participação existentes e sublinha que cada etapa ou hierarquia corresponde ao nível de controlo do cidadão sobre o produto final.

Mais ainda, Aref e Redzuan, (2009); Douglas (2011); Jennings (1995) salientam que, para que o desenvolvimento seja sustentável, deve existir uma forte ligação entre a plena participação dos beneficiários ou das populações locais e das organizações governamentais ou não governamentais nos processos de desenvolvimento. Nos últimos tempos, tem-se notado na maior parte do mundo que o interesse na investigação e na prática dos processos participativos está a aumentar (Thompson, 2005; Cornwall, 2000). No entanto, a investigação é limitada e não aborda suficientemente os desafios fundamentais e holísticos do desenvolvimento participativo (Jones, 2003; Abbott, 2013; Saufi, O'Brien & Wilkins, 2013). Leena, Tuula & Heikki (2013) indicam com veemência que, se a participação for religiosamente aplicada para assegurar a colaboração adequada de todas as partes interessadas e da população local, que é a mais necessitada, consegue atrair um ponto de vista universal para a esfera local ou para os processos comunitários. Abbott (2013) sublinha, por conseguinte, que existe uma necessidade imediata de visão e de integridade na adesão a princípios e estratégias participativos adequados para garantir os ganhos do desenvolvimento sustentável tanto nos países em desenvolvimento como nos países desenvolvidos em todo o mundo.

O verdadeiro desenvolvimento será de natureza comunitária (Tosun, 2006; Matthews, 2003). Cullen (1996) sublinhou a disparidade entre individualismo e coletivismo ao considerar as estratégias orientadas para a capacitação da comunidade. Afirmou também que a supremacia nunca pode ser permitida como um assunto individual e é inextricavelmente assegurada através de um processo coletivo. Mitchell e Shortell (2000) sublinham que o desenvolvimento se preocupará, portanto, sobretudo com a aplicação de leis e normas e com o desenvolvimento de estratégias capazes de aumentar a capacidade das populações locais para gerir e enfrentar os desafios da vida. Jones (2003) observa que a obtenção de tais resultados depende exclusivamente do nível de empenhamento dos indivíduos, uma vez que as suas condições económicas não lhes podem dar a oportunidade de criar as suas próprias empresas. Este é um desafio importante para o progresso da comunidade de acolhimento, porque, a longo prazo, as estruturas da comunidade são sustentadas por máquinas e mão de obra disponíveis numa dimensão combinada alargada (Lawton & Weaver, 2014). Além disso, Tosun (2006) observou que qualquer atividade baseada na comunidade que não incorpore as pessoas nos seus processos de rotina corre o risco de não ter o apoio das pessoas que a acolhem e pode falhar desnecessariamente a realização dos seus objectivos a longo prazo.

A participação é universalmente considerada como um fator intrínseco nos processos de desenvolvimento (Cullen, 1996; Jones, 2003). Embora, há décadas, o desenvolvimento comunitário tenha sido apreciado como um processo positivo que não pode sobreviver sem a participação colaborativa das partes interessadas, a importância da participação nos esforços de desenvolvimento comunitário tem sido pouco enfatizada (Jones, 2003; Abbott, 2013; Saufi, O'Brien & Wilkins, 2013). Isto deve-se, de certa forma, à necessidade de uma interpretação clara dos princípios de um processo de colaboração equitativo e dos principais constituintes e componentes de um processo de desenvolvimento efetivo (Abbott, 2013). Com demasiada frequência, a participação da população local no desenvolvimento do turismo, quando declarada no pódio da sustentabilidade, torna-se menos adequada e negligenciada quando transformada em ação no terreno (Barnes, 2006). É por isso que, nos últimos tempos, tem havido uma necessidade imediata e um apelo à participação da comunidade ou da população local no desenvolvimento do turismo no Estado de Cross River para garantir o avanço e a sustentabilidade da indústria do turismo no Estado (Aniah, Eja, Otu & Ushie, 2009; Esu, 2008).

1.1.5Turismo e desenvolvimento das zonas de destino

O desenvolvimento do produto turístico não implica inevitavelmente apenas edifícios estruturais "coisas turísticas" (Esu & Ukata, 2012). Ao longo do tempo, reconheceu-se que as instalações turísticas são geralmente estabelecidas em pontos de interesse acessíveis, sejam eles naturais, patrimoniais ou culturais (Andrew-Essien & Akintoye, 2012). Os planeadores e gestores de turismo têm de mudar a opinião de que é necessário construir mansões para que um local se torne um destino turístico; em vez disso, devem compreender que a singularidade de um local é, por si só, suficiente para fazer dele um ponto de interesse ou uma atração e, como tal, deve ser dada muita atenção às suas caraterísticas únicas em vez de imitar outros destinos "turísticos" (Mak, 2008; Copeland, 2008; McBoyle & McBoyle, 2008).

De acordo com Ardahaey (2011); Aref e Redzuan (2009), o turismo é uma atividade que inclui uma grande variedade de empresas de retalho e de serviços. A indústria do turismo envolve hotéis e alojamentos, restaurantes, parques de diversões, parques temáticos e outros equipamentos recreativos (Vilayphone, 2010; Abby & Geoffrey, 2006; Tsundoda & Mendlinger, 2009). Esta indústria afecta diretamente a vida das pessoas através dos salários, remunerações, subsídios e infra-estruturas fornecidas (Ogorelc, 2009; Archer, Cooper & Ruhanen, 2005). Frequentemente, a maior parte destes trabalhadores são oriundos das comunidades de acolhimento, mas a questão reside no seu nível de consciencialização, que os torna menos técnicos e mal pagos (Vilayphone, 2010). No entanto, alguns trabalhadores técnicos e profissionais, na sua maioria não indígenas, são contratados fora das comunidades de acolhimento com melhores pacotes de remuneração (Ogorelc, 2009; Archer, Cooper & Ruhanen, 2005). Algumas comunidades estão preocupadas em depender exclusivamente do turismo devido à natureza sazonal do sector, que também tem desafios correspondentes, tais como empregos sazonais, natureza sazonal das chegadas de turistas (Campbell, 2002; Hall, 2003; Marrison, 2004; Mason, 2004), a baixa remuneração oferecida pela indústria do turismo, a elevada taxa de inflação dos produtos locais e das instalações de alojamento (Abby & Geoffrey, 2006; Tsundoda & Mendlinger, 2009), no entanto, o turismo, se for corretamente gerido, pode melhorar a harmonização de outros sectores económicos numa comunidade ou região (Larry, 2005; Leones, 1995; Olojessusi, 2005).

Tendo em conta as implicações diretas ou indirectas da indústria do turismo nas comunidades anfitriãs (Ormsby & Mannle, 2006), acredita-se que, com um processo de planeamento estratégico a longo prazo e uma utilização explícita dos produtos turísticos na maioria dos países em desenvolvimento, haveria uma redução maciça de muitos desafios sociais através de indicadores como o emprego, o aumento das receitas ou a obtenção de rendimentos e fluxos monetários regulares, a modificação das infra-estruturas e outros benefícios socioeconómicos (Prentice, 2007; Ukpana, 2005).

Os custos e benefícios do desenvolvimento do turismo são diversos em diferentes áreas e dependem estritamente da natureza e da forma como a indústria é planeada e gerida (Robinson, 2006). Alguns destes efeitos são atribuídos à mudança do ambiente prevalecente, às condições geográficas, às oportunidades físicas e económicas presentes em diferentes locais de cada vez (Taylor Jr. & McGlynn, 2009; Abby & Geoffrey, 2006), sendo a diferença mais óbvia o facto de existirem diversas situações físicas e ambientais em áreas menos desenvolvidas e avançadas (Allen, 2007; Dunlop, 2013). Na maior parte dos países em desenvolvimento, a taxa de geração de rendimentos do sector industrial é geralmente baixa (McLaren, 2003), a distribuição dos rendimentos e da riqueza é geralmente irregular (Prentice, 2007; Ukpana, 2005), o desemprego e o subemprego atingem níveis elevados (Causey-Bush, 2005; McLaren, 2003), o desenvolvimento industrial é quase inexistente e a dependência da agricultura e da indústria transformadora é muito forte e significativa, sendo a maior parte controlada e gerida por investidores estrangeiros (Smith, 2001; Cammarota & Romero, 2006). A questão da grande predominância de estrangeiros no controlo do sector económico das comunidades de acolhimento pode ser antecipada ou atribuída às disparidades do estatuto tecnológico e educativo dos países subdesenvolvidos e dos países avançados, o que levou a uma partilha desigual dos lucros e a um nível descontrolado de inflação nas zonas das comunidades de acolhimento (Causey-Bush, 2005; McLaren, 2003).

A maioria das questões acima descritas também afecta alguns países avançados

(Smith, 2001; Dunlop, 2013). Está claramente ilustrado que o aumento das actividades turísticas e dos investimentos estrangeiros tem efeitos diversos na sustentabilidade económica e ambiental dos países em desenvolvimento, por oposição a uma economia ou país avançado (McLaren, 2003; Dunlop, 2013). No entanto, vários factores como o estatuto económico, os potenciais e a taxa de investimentos também influenciam a taxa de fluxo monetário dentro de um território e estes afectam diretamente a distribuição dos lucros, o emprego e as caraterísticas do rendimento (Wood, 2002; Sia, 2011).

O desenvolvimento do turismo é uma atividade relativamente recente na maioria dos países em vias de desenvolvimento (Sia, 2011; Ma & Yeh, 2010), mas tem-se expandido amplamente num curto espaço de tempo, ameaçando assim fortemente a sustentação da cultura, dos produtos e dos recursos locais (Kruk, 2007; Kruk, 2007). No entanto, com a luta para avançar da economia agrícola habitual para uma economia de base mais industrial, observou-se que foi abraçada pela maioria dos países em desenvolvimento do mundo (Napal, 2007; Hall, 2004; Pike, 2010), o que, no entanto, requer enormes investimentos de capital que os países em desenvolvimento provavelmente não possuem (WTTC, 2014), portanto, o governo da maioria dos países em desenvolvimento adotou para incentivar o investimento em negócios de turismo de pequena escala, como forma de garantir a aquisição de receita que pode ajudar a estabilizar sua economia (UNEP, 2012; Brida &Zapata, 2012). Estudos sobre o desenvolvimento do turismo na maioria dos países em desenvolvimento têm enfatizado que, apesar da sua contribuição positiva na economia da comunidade anfitriã, também tem pouca ou nenhuma intervenção significativa no desemprego urbano se não for devidamente planeado ou organizado (Brida & Zapata, 2012; Hovinen, 2002; Hafsi & Zhilong, 2005; Mohammadi, Zainab & Hasan, 2010). Esse entendimento tem levado à busca de práticas turísticas mais organizadas e sustentáveis para garantir que ele possa servir como uma estratégia viável para o avanço económico (WTTC, 2014; Mathieson & Wall, 1992).

Da mesma forma, os investimentos turísticos na maioria dos países em desenvolvimento não são encorajadores e carecem de apoio local, uma vez que as receitas são geralmente mais lucrativas para os investidores do que para a população local, uma vez que o valor dos recursos naturais e humanos tende a ser muito mais barato devido ao baixo nível de vida da comunidade, o que leva a uma rápida inflação (Lucas, 2003; Bounyang, 2010; Kelly, 2002). Pelo contrário, quando comparado em termos de exportação de produtos locais, o turismo sustentável tem uma vantagem comparativa na medida em que as comunidades anfitriãs têm mais controlo sobre os preços e, portanto, têm pouco controlo sobre os processos de tomada de decisão (Hall, 2003; Aref & Redzuan, 2009). Tendo em conta a disponibilidade de produtos turísticos, o turismo é também mais elástico em termos de rendimento, uma vez que o aumento do rendimento de um potencial turista pode levar a um aumento correspondente do número de chegadas e, possivelmente, da duração da estadia desse turista (Larry, 2005; Prentice, 2007; Robinson, 2006; Mathieson & Wall, 1992).

Outra razão considerável para que a economia local não partilhe equitativamente os benefícios do turismo deve-se a algumas políticas iniciadas pelo governo que têm em consideração e prioridade o bem-estar dos turistas sem ter em conta as comunidades locais (Olojessusi, 2005; Dieke, 2003; Zahra & Ryan, 2007). A título de exemplo, foi estabelecido que cerca de sessenta por cento dos quatro mil milhões de libras gerados como receitas anuais da indústria do turismo na Tailândia deixam as costas do país devido à posição de algumas políticas governamentais (Wu & Huang, 2008; Yang, 2006; Wegner & Tremblay, 2009). Esta incidência pode ser atribuída ao facto de a maior parte das matérias-primas e dos produtos turísticos do destino serem principalmente importados e estrangeiros, pelo que uma grande parte dos lucros provenientes da venda de produtos turísticos deixa o país novamente como receitas para empresas ocidentais e desenvolvidas em termos de importações (McDonald, 2006; Alexandra & Riddington, 2007; Tearfund, 2002).

Da mesma forma, observa-se que o turismo emprega mais pessoas nos países em desenvolvimento devido ao seu baixo conhecimento e capacidades tecnológicas (Woollett, 2007; Taylor, McRae-Williams & Lowe, 2007). No entanto, muitas pessoas locais são empregadas nos quadros inferiores, a fim de manter os seus salários baixos (Mckercher, 2008; Zahra, 2006). Os quadros dirigentes são maioritariamente estrangeiros, trazidos pelas empresas multinacionais (Mishler & Rose, 2007; Yeoman, Greenwood & McMahon-Beattie, 2008). Assim, o rendimento do turismo não pode circular satisfatoriamente na economia do destino (Geels & Kemp, 2007; Wittwer & Horridge, 2007). No entanto, observa-se também que o turismo cria oportunidades de emprego, o que constitui uma conquista apreciável em termos de desenvolvimento de uma área de destino (Yang, 2006).

Além disso, pode dizer-se que a indústria do turismo apresenta três categorias de emprego: o emprego direto (emprego nos equipamentos turísticos), o emprego indireto (emprego nos equipamentos de apoio ao turismo que não estão diretamente relacionados com as despesas dos turistas) e o emprego induzido, que é o emprego adicional (resultante dos efeitos multiplicadores do turismo) (Zomeni, Tzanopolos & Pantis, 2008; Napal, 2007).

Até certo ponto, a implicação do turismo no emprego e no rendimento pode ser descrita como direta, indireta ou induzida, mas na maioria das vezes é muito difícil de distinguir (Ukpana, 2005; Prentice, 2007; Larry, 2005; Hall, 2004). Existe também uma forte relação entre emprego e rendimento, uma vez que qualquer tentativa de criar emprego se traduz numa tentativa correspondente de aumentar o rendimento e o nível de vida (Zaei & Zaei, 2013; Simoni & Mihai, 2012; Hernendez & Leon, 2007). Da mesma forma, as actividades dos turistas também têm efeitos correspondentes sobre o tipo e o volume de oportunidades de emprego (McKercher, 2008; Brida & Zapata, 2012), uma vez que diversos investimentos turísticos são intensivos em mão de obra e requerem muito patrocínio e lucros para sustentar o capital (Goosling, Nzama, 2008; Spanon, 2007; Glover, 2006).

Pelo contrário, as competências locais e o estatuto demográfico da população também afectam a estrutura do emprego na indústria do turismo, uma vez que também dão lugar à questão da sazonalidade no modo de emprego (Zaei & Zaei, 2013; Simoni & Mihai, 2012, Hernendez & Leon, 2007). A mensurabilidade do fator emprego da indústria do turismo é geralmente invisível, uma vez que estes factores limitadores exigiriam o emprego de pessoas fora da comunidade anfitriã para servir a função necessária ou exigida na indústria, caso contrário, seriam considerados como pertencentes à força de trabalho disponível (Kamauro, 2007). Embora seja difícil medir a implicação real que o turismo tem sobre os indivíduos e a economia da comunidade (Glover, 2006), a natureza sazonal das actividades turísticas e do emprego pode também desencorajar as pessoas de aceitar um emprego a tempo inteiro e o investidor privado pode também ser desencorajado de investir no sector (Brida & Zapata, 2010; Hall, 2004). De um modo geral, o facto de o turismo trazer contribuições que são benéficas para as pessoas e comunidades anfitriãs, também é do conhecimento geral que o turismo também traz implicações prejudiciais que actuam negativamente sobre as propriedades socioculturais e o ambiente das comunidades anfitriãs (Zaei & Zaei, 2013; Simoni & Mihai, 2012).

Considerando o impacto do turismo na sustentabilidade cultural das áreas de destino, a cultura é um dos principais "factores de atração" de um destino (Zaei & Zaei, 2013). Sia, (2011) argumenta que a cultura pode ser considerada em duas perspectivas, nomeadamente; a perspetiva psicológica, que tem a ver com o pensamento das pessoas (atitude, crença, ideias e valores), e as actividades das pessoas (modos de vida, obras de arte, artefactos e produtos culturais). Akama (2000) retorquiu que o desenvolvimento da cultura como um aspeto importante do turismo em África deve ter em consideração que a cultura é o principal constituinte e o fio condutor do desenvolvimento do turismo em África e, como tal, o turismo em África dificilmente pode prosperar sem considerar devidamente o lugar da cultura.

Mbaiwa (2008) argumenta que o foco do turismo cultural em África precisa de ser considerado de uma abordagem intrínseca para uma abordagem extrínseca. Além disso, deu o exemplo do caso da América do Norte, onde o principal aspeto do turismo implica a exibição das suas festividades culturais nativas e fundamentais, sem condicionar os eventos para se adequarem ou satisfazerem o pedido e a procura dos turistas, o que significa que os turistas não são considerados nas fases de planeamento e execução do evento. Isto continuou a sustentar a singularidade e o valor habitual do seu desenvolvimento turístico, que se baseia basicamente no canto, na dança, no artesanato e no consumo de alimentos tradicionais, que foram oferecidos aos aborígenes e, por isso, os eventos não são planeados com o objetivo de satisfazer o consumo dos forasteiros (turistas). Reid (2000) apoiou e admirou a forma como o desenvolvimento do turismo está a ser sustentado na América do Norte, sublinhando também que este método lhes permitiu ter o controlo e a responsabilidade totais das actividades turísticas. Reid (2000) concluiu que, para garantir a sustentabilidade e o sucesso, o desenvolvimento do turismo cultural deve basear-se numa intenção orientada para a comunidade e não numa atividade orientada para os turistas ou visitantes. Robinson (2006) também argumenta que o turismo cultural compreende um vasto conjunto de contextos que são histórica e tradicionalmente incorporados, mas que têm atributos dinâmicos influenciados pela interação e pelo tempo.

As implicações socioculturais e económicas do turismo cultural podem ser graves e de grande alcance, tanto para as identidades culturais individuais como para as colectivas. A controvérsia inerente à definição de traços de uma cultura para comercializar com os turistas pode criar conflitos entre os membros da comunidade, para além das grandes mudanças nas estruturas económicas e sociais que acompanham o desenvolvimento económico rápido, mal planeado e culturalmente inadequado (Burns 1999; Greenwood 1989; McLaren 2003; Leones, 1995; Wood 2002). As estratégias de mitigação identificadas pelos estudiosos do turismo cultural incluem o controlo local e a propriedade local; o crescimento lento; o desenvolvimento de economias mistas e de pequena escala;

a implementação de indicadores de mudança social; e a moldagem do marketing e dos produtos turísticos para atrair turistas culturais respeitadores (Colton 2005; Smith 2001; Leones, 1995; Wood, 2002). Quando o desenvolvimento é feito de uma forma sustentável e culturalmente sensível, os resultados podem ser um aumento do rendimento suplementar para muitas famílias, bem como um potencial para a educação cultural e interações interculturais que beneficiam tanto o anfitrião como o hóspede. Esta teoria do desenvolvimento, tal como indicado por Reid (2000), não considera apenas o crescimento económico como o principal foco da indústria do turismo, mas considera a distribuição equitativa de rendimentos e a partilha de benefícios como um fator importante que não só aumentará o interesse na indústria, mas também assegurará que a população local e as comunidades de acolhimento estejam ativamente envolvidas na produção e no consumo de produtos turísticos. A sustentabilidade e a estabilidade da indústria do turismo podem ser facilmente alcançadas quando existe uma participação da comunidade de acolhimento e um controlo equitativo dos investimentos turísticos, bem como uma distribuição equitativa dos benefícios entre os principais intervenientes na indústria. Na maioria dos países desenvolvidos, os turistas não estão sujeitos a questões relacionadas com os costumes, tradições ou normas aborígenes locais (Reid, 2000). Numerosas infracções e atrocidades são cometidas por turistas sem qualquer tipo de punição ou restrição, uma vez que a lei considera que os turistas são visitantes de curta duração que transportam consigo as suas próprias normas culturais e padrões de comportamento e, como tal, têm o direito de interagir para evitar que se sintam desconfortáveis e enganados. Estas disposições conferiram-lhes poder e tornaram-nos muito pouco dispostos a mudar as normas e o estilo de vida conflituosos para uma estadia temporária e estão menos preocupados se o seu estilo de vida constitui um incómodo ou é desagradável para a comunidade de acolhimento (Formica & Kothari, 2008).

1.1.6Chegadas de turistas e duração da estadia nas zonas de destino

A singularidade e a riqueza da maioria dos destinos turísticos em todo o mundo desempenharam um papel vital no sucesso da indústria do turismo no século XIX (Lundberg, Gudmundson & Andersson, 2009). Wahab e Pigram, (2005) descreveram o termo "destino", que pode ter origem numa palavra latina "destinatio", "onis" e sinónimo de "um lugar", como o fim de uma viagem. Nos últimos tempos, o destino turístico é visto como um segmento do espaço ou um todo, designado por "zona de destino turístico" ou "área de destino turístico". Diz-se que é um lugar adequadamente equipado com instalações que podem garantir que a visita e a estadia de um turista sejam agradáveis (Ujang, 2014). Este espaço deve ser capaz de satisfazer a grande variedade de pedidos dos seus visitantes, que são sempre tão heterogéneos como a sua idade, nacionalidade, atitudes sociais ou profissionais (Alshemeili, 2014). Pike (2010) definiu destino como um lugar que inclui continentes, países e regiões; aldeias, comunidades, áreas de resort construídas propositadamente que atraem visitantes para uma estadia temporária. Wahab e Pigram (2005) enfatizaram que a procura turística inclui a busca de novas experiências, como a autenticidade dos destinos, a aprendizagem sobre diferentes culturas, a aprendizagem sobre a história do destino e a compreensão do estilo de vida da comunidade anfitriã. Dallen e Gyan (2009); Chabal, Engel e DeHaan (2007) também salientaram que a indústria do turismo tem vindo a enfrentar desafios crescentes decorrentes das mudanças nas condições ambientais, o que provocou uma mudança correspondente no comportamento do turista e que a tendência atual deve ser considerada no planeamento do desenvolvimento do destino turístico.

Vários estudos, Yeo, (2013); Morachat, (2003); Alshemeili, (2014) indicam que o turismo em todo o mundo se desenvolveu em áreas relativamente restritas e que a singularidade, a diversidade e a qualidade dos recursos turísticos disponíveis nessas áreas formam a base que determina a taxa de visitas dos turistas e o patrocínio da área. Por vezes, verificou-se que a distância desempenha um papel fundamental na influência e determinação das atracções e estâncias turísticas acessíveis ou mais visitadas pelos turistas (Dallen & Gyan, 2009). Chabal, Engel e DeHaan (2007) salientam que os recursos que atraem os turistas são numerosos e variados, mas as atracções são geralmente bastante limitadas em número, distribuição, grau de desenvolvimento (Morakabati, 2007) e a medida em que são conhecidas pelo turista é vista como determinante do seu nível de patrocínio (McDonald, 2006; Jenelle, 2004; Kotlinski, 2004).

Para além disso, Yeo (2013) referiu que existem três dimensões de atributos do património que estimulam a atratividade do destino turístico, nomeadamente, a representatividade do produto patrimonial, a atratividade do produto patrimonial e as instalações e serviços. Lee & Chien também explicaram que todas estas três dimensões de atributos contribuem significativamente para a satisfação da experiência do turista, sendo a atratividade do produto patrimonial a que mais contribui. Glover (2006); Zaei e Zaei (2013) também enfatizaram que o grau em que um turista está emocionalmente ligado a um destino patrimonial afecta a sua satisfação com a experiência. Ivanovic e Baldigara (2007); Huang, Wall e Mitchell (2007) indicam que a motivação do património não tem influência direta na determinação da satisfação do turista ou na atratividade do destino, mas tem um efeito mediador na avaliação dos atributos do destino e na ligação emocional dos turistas a um destino. Por conseguinte, Scott, Cooper e Baggio (2008); Schweitzer (2007); Seliger (2002) observaram que a contribuição da motivação do património para a satisfação se torna significativa na atratividade do destino. Horridge e Wittwer (2008); Kamauro (2007) afirmam que a motivação pode influenciar positivamente a satisfação com o destino patrimonial apenas quando as expectativas do turista relativamente a uma experiência patrimonial são satisfeitas e os turistas estão envolvidos em actividades turísticas.

Da mesma forma, Ujang (2014); Dallen e Gyan (2009); Chabel, Engel e De Haan (2007) sublinharam que a singularidade do destino, a imagem icónica dos edifícios, as actividades tradicionais, os produtos culturais (comida, exposição cultural local) e o local de compras tradicional são os principais activos turísticos que desempenham um papel fundamental na atratividade do destino e influenciam a experiência de passeio dos turistas e um maior potencial para uma visita de retorno a locais de interesse para os turistas.

Além disso, Morachat (2003) retorquiu que os turistas classificaram o custo e o preço, as caraterísticas culturais e as infra-estruturas como mais relevantes quando consideram as regiões a serem visitadas. Diversos estudos (Simoni & Mihai, 2012; Brida & Zapata, 2012; Mohammadi, Zainab & Hasan, 2010; Spitzer, 2007; Taylor Jr & McGlynn 2009; Alshemeili, 2014) indicaram que os factores motivação da viagem, objetivo da viagem, infra-estruturas, caraterísticas culturais, acolhimento, idade, serviços, estado civil, categoria de rendimento e acessibilidade têm uma influência significativa na determinação do destino turístico e na sua atratividade.

No entanto, Jin (2011) referiu que as instalações do local, o alojamento, o ambiente económico e a existência de clusters de produção são factores importantes que influenciam a preferência, a satisfação e a atração dos expositores por uma marca de exposição. Morakabati (2007) explicou que as ocorrências de incidentes; catástrofes naturais (tsunamis, furacões) ou provocadas pelo homem (actos de terrorismo, guerra) representam um risco de viagem para os turistas e podem influenciar as preferências de viagem para os destinos. BarOn (1999); Capo, Riera e Rossello, 2007; Lasanta, Laguna & Vicente-Serrano, 2007; Lim & McAleer, 2001; Butler, 1994) também referiram que a preferência dos turistas por um destino pode ser de natureza sazonal e esta sazonalidade pode dever-se a factores naturais ou institucionais. William & Lawson (2001) sugeriram ainda que os factores de sazonalidade podem também dever-se a pressões sociais, épocas desportivas, tradições ou eventos. (Hinch & Jackson, 2000; Higham & Hinch, 2002) também afirmaram que as regras e as práticas sociais podem gerar sazonalidade. De acordo com Getz e Nilsson (2004); Koc e Alinay (2007); Mitchell e Hall (2003); Fernandez-Morales (2003); Fernandez-Morales e Moyorga-Toledano (2008); Cuccia e Rizzo (2011), a sazonalidade no turismo é um problema universal que aparece em diferentes graus de importância e depende do destino. No entanto, Lim e McAleer (2001); Jang (2004); Koenig e Bischoff (2005); Cuccia e Rizzo (2011); Baum e Landtorp (2001); Spencer e Holecek (2007) sublinharam que as estratégias empregues para reduzir a sazonalidade devem centrar-se no prolongamento das épocas ou na introdução de novas épocas e incentivar o desenvolvimento de novos produtos e mercados para atrair turistas durante a época baixa. Napal (2007); Pike (2010) sugeriram, portanto, estratégias de marketing de destino devidamente planeadas como uma panaceia para um desenvolvimento turístico sustentável.

Mais ainda, WTTC (2014); UNEP (2012) indicam que o marketing de destino tem a ver com o ato de reunir vendedores e compradores, o seu foco está no posicionamento competitivo, bem como na reação às exigências dos consumidores. Hall (2004) também o descreveu como um conjunto de actividades organizadas e ininterruptas que estão associadas à distribuição de produtos a mercados de elevado potencial e que compreende a tomada de decisões sobre o marketing mix (produto, preço, praça e promoção), a segmentação do mercado e o branding (WTO, 2004).

De acordo com Sia (2011), as atracções turísticas são constituídas por vários elementos, incluindo actividades recreativas, paisagens locais, serviços e entretenimento. Ambedkar (2012) também destaca que as atracções turísticas podem ser divididas em três categorias principais, nomeadamente: atracções naturais, que consistem no ambiente e nos recursos naturais, como a vida selvagem, os miradouros, os parques nacionais e os fenómenos naturais excepcionais, como as quedas de água e os monólitos; atracções culturais, que consistem em entretenimento e actividades humanas; e atracções únicas.

Além disso, Kamauro (2007) afirma que a informação serve como um importante fator de motivação para o turista, ajudando-o a determinar o local a visitar, uma vez que o tipo de informação que recebe sobre um destino é muito importante para orientar o seu processo de tomada de decisão sobre o local a visitar ou não. Brida e Zapata (2012); Moyle, Croy e Weiler (2010) salientam que existem dois factores principais que influenciam a motivação dos turistas, nomeadamente: os factores de pressão e de atração. Brida e Zapata (2012) salientam que os factores de pressão consistem em factores socioeconómicos dos turistas e os factores de atração são a informação recebida e os recursos turísticos disponíveis num destino.

Além disso, Spanon (2007); McLennan (2005) confirmaram que a imagem constitui uma parte vital no processo de seleção de um destino pelo consumidor. Schweitzer (2007); Sergeyer e Moscardini (2006) afirmam que a imagem do destino tem uma forte influência no comportamento de viagem, uma vez que representa o destino na mente do turista e dá-lhe uma ideia prévia do destino. Goosling, Hall e Weaver (2008) definiram a imagem de destino como o carácter distintivo de um destino que incentiva a decisão dos turistas de visitar um determinado destino em vez de outro.

Da mesma forma, Sairinen e Kask (2008); Napal (2007) afirmam que as imagens de destino consistem na perceção dos inquiridos e na sua avaliação afectiva do destino, e que a forma como os turistas se sentem sobre o destino e os seus atributos físicos são muito importantes para determinar a imagem de um destino (Zaei & Zaei, 2013). A escolha do turista por um destino depende da imagem que ele tem do destino (Yeo, 2013; Morakabati, 2007; Morachat, 2003; Alshemeili, 2014).

De acordo com Ujang (2014), a imagem de destino é composta por três conjuntos cognitivos, nomeadamente, imagens orgânicas, induzidas e induzidas modificadas.

As imagens orgânicas consistem em informações sobre um destino, tais como informações provenientes de jornais, livros e rádio, que são desenvolvidas durante um longo período de tempo (Alshemeili, 2014). As imagens induzidas são formadas através de um programa de marketing de destino, como revistas e brochuras, a fim de atrair visitantes (Yeo, 2013). A imagem induzida pode ser modificada através da experiência real do turista no destino (Jin, 2011).

No entanto, Ujang (2014); Yeo (2013); Alshemeili (2014); Jin (2011) destacam que o posicionamento da imagem de destino desempenha um papel vital no sucesso de um destino, uma vez que os turistas são susceptíveis de procurar o destino com as imagens mais originais. Bardolet & Sheldon (2008) enfatizaram que o principal motivador do destino turístico é a singularidade e a atratividade de seus produtos e instalações, porque as pessoas não serão atraídas para gastar seus recursos e tempo para visitar um lugar sem contribuição significativa ou satisfação para eles Njar (2012) explicou que quando a experiência única de arte esperada e atributos culturais são atendidos, há uma satisfação adicional para incitar o desejo de fazê-los repetir as visitas. Douglas (2011) sugere que uma fase bem organizada e gerida do planeamento, da implementação e da partilha de benefícios do turismo impulsionaria um ambiente transparente e sustentável para mais investimentos e visitas, o que terá, sem dúvida, efeitos correspondentes no rendimento familiar e regional, nas facilidades e oportunidades de emprego tanto para estrangeiros como para a população local, bem como no aumento do influxo de divisas geradas pelo governo através dos impostos.

No entanto, Cretu (2011) salientou que o posicionamento e a marca de um destino é um fator vital que ajuda a distinguir um destino de outros e pode ser utilizado para obter vantagens competitivas, melhorando a imagem de uma área de destino. Yan (2008) e Anholt (2005) acreditam que uma representação equitativa poderia melhorar a imagem do destino, restaurar a fiabilidade internacional e melhorar o estatuto de um país mais do que qualquer cruzada de marketing ou de branding e que é imperativo notar que uma nação com bom carácter poderia aumentar a sua competitividade, desenvolvimento económico, político e social (Anholt, 2009).

1.1.7Impactos sociais e culturais do turismo no desenvolvimento comunitário

Um elemento fundamental na relação entre os turistas e a população local é a tarefa que o turismo pode desempenhar no aumento do nível de vida no aspeto da provisão de recursos e criação de emprego (Phoummasak, Kongimanila & Changchun, 2014; Aref & Redzuan, 2009). Por outro lado, o turismo tem sido reportado como tendo impactos socioculturais positivos e negativos nas comunidades de acolhimento (Mbaiwa, 2008; Dogan, 1989; Zappino, 2005; Langton, Ma Rhea & Palmer, 2005; Walpole & Goodwin, 2001). A diversidade de culturas é um dos principais factores de inspiração para viajar (Wang & Tong, 2009; UNEP, 2005). As pessoas viajam para adquirir conhecimentos e aprender com o modo de vida dos outros e, nesse processo, alargam as suas perspectivas e melhoram a si próprias (UNEP, 2014; Aref & Redzuan, 2009; Inthaphome, 2009). Por conseguinte, a cultura e o turismo podem apoiar-se mutuamente (Mbaiwa, 2008; Dogan, 1989; Zappino, 2005; Langton, Ma Rhea & Palmer, 2005). Lucas (2003); UNEP (2014); Mbaiwa (2008) retorquiram que o turismo cultural pode rejuvenescer antigas tradições e constituintes culturais e ajustar-se à nova situação, apesar de uma comunidade poder sofrer de obscuridade se o produto não for único. De um modo geral, o desenvolvimento do turismo pode travar a migração e melhorar os padrões de vida, o que aumenta a autoestima e promove sentimentos positivos entre os habitantes (Robinson, 2006; Hall 2003; Loo & Davies, 2006; Aniah, Eja, Otu & Ushie, 2009).

Em contrapartida, o turismo cultural pode aumentar os preços dos produtos, criar uma competição pelos recursos e afetar a vida pessoal dos residentes (Aref & Redzuan, 2009; Muller & Thiem, 1995; Aniah & Eja, 2005; Aniah, Eja, Edu, 2007; Campbell, 2002; Gray & Liguor, 2001; Hall, 2003). Na realidade, o turismo cultural também pode aumentar a atividade e as competências de uma comunidade com o grande número de comodidades e recursos que acompanham o desenvolvimento do turismo (Larry, 2005; Kigoth, 2000; Lucas, 2003; Olojessusi, 2005). O turismo tem efeitos importantes no crescimento das infra-estruturas de cada destino (Prentice, 2007; Ukpana, 2005). Os impactos do turismo podem ser classificados em quatro grupos: impactos económicos, sociais, culturais e ambientais (Robinson, 2006; Ormsby & Maunle, 2006; Organização Mundial do Turismo (OMT), 2004; Declaração da Cidade do Cabo, 2002; Ceballos-Lascurain, 1993). As implicações económicas da indústria do turismo têm sido consideradas como uma força positiva que aumentou as receitas em divisas, melhorou o rendimento e as oportunidades de emprego (Cali, Ellis & te Velde, 2008; Gallouj, 2002). As implicações sociais e culturais do turismo têm sido consideradas como tendo efeitos positivos e negativos nas comunidades de acolhimento (Dicke, 2003, Gartner, 2004; Wittwer & Horridge, 2007; Ritchie & Crouch, 2000; Kelly, 2002). O turismo tem um impacto positivo nas sociedades e na sua cultura quando o destino reconhece que os seus recursos tradicionais essenciais atraem visitantes ou turistas e que são feitos esforços para preservar os seus valores tradicionais (Sorenson & Epps, 2003; Alexandra & Riddington, 2007; Mishler & Rose, 2007). Pelo contrário, a perda da genuinidade cultural, a comercialização da tradição e a deslocação da população local para dar lugar a instalações turísticas podem fazer parte das implicações negativas da indústria do turismo no bem-estar das sociedades e da sua cultura (Geels & Keep, 2007; Seliger, 2002; Pavlovich, 2003; Hall, 2004). A organização mundial do turismo observa que o turismo cultural é atualmente considerado uma parte vital do turismo internacional em todo o mundo. Representa o movimento de visitantes motivados por objectivos culturais, tais como eventos culturais, festivais e tradições, viagens de estudo, artes performativas, visitas a locais e monumentos, bem como viagens de peregrinação (Organização Mundial do Turismo, 2004).

Enquanto o turismo cultural doméstico pode ajudar a estimular o orgulho nacional e as economias nacionais, o turismo cultural internacional estimula a compreensão de outras culturas, o que pode ajudar a criar uma base para um melhor desenvolvimento entre as nações (Parra-Lopez & Yanes-Estevez, 2008; Corpataux & Crevoisier, 2007; McKercher, 2008). É aceite tanto pelos países desenvolvidos como pelos países subdesenvolvidos que o turismo é uma base de vantagens sociais e económicas para as populações (Goeldner & Rittchie, 2006; McDonald, 2006; Yeoman, Greenwood & McMahon-Beattie, 2008). No entanto, deve ser estabelecido um equilíbrio entre os benefícios económicos e a sustentabilidade da indústria e dos recursos (Zahra, 2006; Zhong, Deng & Xiang, 2007).

Existe um receio crescente de que o desenvolvimento do turismo possa levar os destinos a perderem a sua identidade cultural ao satisfazerem as necessidades aparentes dos turistas predominantemente de mercados internacionais (Gartner, 2004; Wittwer & Horridge, 2007; Kelly, 2002), isto com base na vigilância de outros destinos que concederam o seu sentido de identidade (Robinson, 2006; Nzama, 2008). No entanto, as investigações mostram que a maioria dos turistas viaja, não com o propósito de visitar casas longe da sua casa, mas porque querem compreender a singularidade e o verdadeiro carácter de outras atracções, cidades e comunidades (Hovinen, 2002; Jenelle, 2004; Martens & Rotmans, 2005; McDonald, 2006). O conhecimento do turismo é bastante invulgar em relação ao que vêem ou compreendem em casa e isto inclui experimentar os atributos e o estilo de vida das pessoas nos destinos que visitam (Mishler & Rose, 2007; Pike, 2010; Ritchie, 2004). O turismo sustentável é um tipo de turismo que é derivado e não inventado (Mrnjavac & Ivanovic, 2007; Goodwin, 2008).

O turismo é sobretudo uma indústria baseada na experiência e a cultura do povo anfitrião, a personalidade local, a hospitalidade e a gastronomia são produtos únicos para a satisfação da experiência do turista do que as atracções construídas (Mckercher, 2008; Yang, 2006). Quanto mais os turistas visitarem e aprenderem sobre um destino, mais satisfatória será a sua experiência, o que exige uma maior intensidade no desenvolvimento e na promoção de eventos e culturas tradicionais (Aniah & Eja, 2005; Nwakonobi, 2004).

O turismo pode ser conceptualizado como um meio de aumentar a consciencialização, enquanto a marca de produtos e realizações locais cria uma identidade regional tanto a nível nacional como internacional (Ormsby & Maunle, 2006; Campbell, 2002). O turismo também pode levar à promoção da imagem e à criação de marcas dos destinos, o que pode ser um meio forte de resolver problemas e necessidades locais (Larry, 2005; Bounyang, 2010; Ogorelc, 2009). Existe uma tendência mundial para investir na elucidação dos recursos naturais e culturais (Wollett, 2007; Taylor, Mcrae-Williams & Lowe, 2007; Zomeni,

Tzanopolos & Pantis, 2008). A atração pelos recursos naturais e culturais ajuda regularmente a financiar os esforços de conservação e oferece oportunidades para uma gestão eficiente de áreas sensíveis e significativas (Lucas, 2003; Phoummasak, Kongimanila & Changchun, 2014). No entanto, as atracções culturais não são os únicos factores de atração para a visitação, mas constituem um dos principais incidentes (Theocharous, 2004; Vogt, Banana, Gombya-Ssembajjwe & Bahati, 2006; Odunsanwo, 2009).

Além disso, Wegner e Tremblay (2009); Aremu (2001) afirmam que está a surgir uma taxa crescente de celebrações e festivais culturais, destacando eventos importantes e prestando reverência à ancestralidade. Mais ainda,

os eventos culturais afirmam a identidade cultural e ajudam a preservar as tradições e os estilos de vida locais nas gerações mais jovens, influenciando simultaneamente a experiência direta dos visitantes (Wittwer & Horridge, 2007; Cali, Ellis & Willem te Velde, 2008). A maior parte das grandes áreas urbanas dos destinos mundiais são multiculturais por natureza e reforçaram os seus próprios estilos de vida únicos, no entanto, muitas áreas regionais ainda são fortemente influenciadas pela comida e cultura dos seus visitantes (Hovinen, 2002; Moyle, Croy & Weiler, 2010). O turismo permite manter vivos o artesanato, a gastronomia e as personalidades locais, ao mesmo tempo que angaria fundos para a comunidade (Hall, 2004; Glover, 2006; Mugbil, 2009).

O turismo também ajuda a impulsionar a preservação e a transmissão de antecedentes naturais, culturais e históricos (Pike, 2010; Napal, 2007). Isto contribui frequentemente para a proteção e a gestão sustentável dos recursos naturais, a proteção do património local e a revitalização das culturas nativas, das artes e ofícios culturais (Gunderson, Folke & Janssen, 2006; Parrilla & Font, 2007; Okech, 2006).

O grande susto do turismo está fortemente ligado a práticas turísticas desenfreadas, insustentáveis e massificadas (World Travel & Tourism Council (WTTC), 2014; Programa das Nações Unidas para o Ambiente (PNUA) e

Organização Mundial do Turismo (OMT), 2012). O turismo é uma indústria e é subjugado por empresas governamentais e privadas com o objetivo principal de obter lucros (dinheiro) através da venda ou comercialização de conhecimentos ou experiências (WTTC, 2014).

O planeamento baseado no lucro pode não ser bem-sucedido na consecução dos principais objetivos do turismo sustentável e tem tendência para agravar os impactos ambientais, sociais e culturais negativos (Zaei & Zaei, 2013; Simpson, 2007). Como todas as outras indústrias, os impactos são observados, mas o aspeto mais importante é a medida em que os impactos negativos percebidos podem ser minimizados (WTTC, 2014; UNEP, 2012). No geral, o turismo contribui para uma ampla gama de problemas; a maioria dos quais parece irrelevante, mas prejudica o valor da vida das comunidades anfitriãs (Simoni & Mihai, 2012; Hall, 2004). A interferência nos estilos de vida, a perda de solidão e a sensação de aglomeração contribuem para uma atitude negativa em relação às actividades da indústria do turismo (Wu & Dwyer, 2010; Wenjun, 2005; Ashe, 2005).

A maior parte das implicações negativas da indústria do turismo são principalmente socioculturais e agravadas pelo desafio da falta de informação, impressões artificiais, informação enganosa, fracas facilidades de comunicação e fraco conhecimento das instalações, produtos e destinos (WTTC, 2014; Spanon, 2007; Wu & Dwyer, 2010). A perceção e a atitude negativas em relação aos visitantes envolvidos em actividades turísticas também podem afetar o crescimento da indústria (Goosling & Nzama, 2008; Martens & Rotmans, 2005).

Os impactos socioculturais do turismo referem-se às mudanças nas normas e valores da comunidade de acolhimento que são mais evidentes a curto prazo, mas que conduzem a uma mudança gradual e a longo prazo no sistema de valores, crenças e atributos culturais de uma comunidade (Flectcher, 2008; Ardahaey, 2011; Mustafa & Abu Tayeh, 2011). Estas mudanças são agravadas pelos turistas que não apreciam os constituintes culturais das pessoas, mas exigem produtos culturais locais instantâneos sem se preocuparem com as suas implicações a longo prazo para as pessoas (Majanen, 2007; Ardahaey, 2011). O grau em que os impactos socioculturais das actividades turísticas afectam as comunidades anfitriãs depende de uma série de factores, tais como o número e o tipo de turistas na área (Esu & Ukata, 2012), a consistência da população local, a duração da estadia dos residentes na área, a medida em que a sua economia depende do turismo, a natureza e a taxa de desenvolvimento do turismo na área, bem como o estado socioeconómico e cultural da comunidade (Arion, 2006; Aniah, Eja & Otu, 2009; Ratz, 2003).

Os impactos socioculturais do turismo são observados como resultado do contacto entre os turistas e a população de acolhimento (UNEP, 2014; Zaei & Zaei, 2013). Durante festivais ou eventos turísticos, o congestionamento do tráfego, os problemas de estacionamento, a aglomeração de pessoas nas lojas locais e as instalações locais sobrelotadas podem perturbar as actividades diárias ou de rotina dos habitantes locais ou das comunidades de acolhimento (Marzuki, 2011; Zappino, 2005). Os graves desafios sociais, incluindo o envolvimento no crime e no vandalismo, tornam as populações locais susceptíveis e encorajam um nível crescente de hostilidade ou antagonismo local em relação aos visitantes que se tornam a marca de mudanças negativas (Declaração da Cidade do Cabo, 2002; Zappino, 2005; Singla, 2014). Estas mudanças na rotina diária da população local podem criar desafios à sua tradição, moral e sistema de valores (Mbaiwa, 2008; Alhasanat, 2008; American Psychological Association, 2010), levando à perda de identidade (Fletcher, 2008; WTTC, 2014). Em termos de impactos culturais negativos, a indústria do turismo pode destruir o património e os valores culturais ao permitir que um número excessivo de turistas dependa do produto cultural da comunidade de acolhimento (Sia, 2011; Fletcher, 2008). Os principais aspetos destes impactos da relação turistas-anfitrião são o efeito de manifestação, observado quando o comportamento dos anfitriões é ajustado para imitar os turistas, as mudanças nos meios de comunicação (língua) na área de destino, a adesão ao alcoolismo, o envolvimento no crime, a prostituição e o jogo e a transformação das formas materiais e imateriais habituais da cultura local para a do estilo de vida estrangeiro (UNESCO, 2008; Majanen, 2007; Mbaiwa, 2008; Akhal, Shabaneh & Tyroler, 2008).

Por outro lado, a satisfação do turista é sem dúvida significativa para o marketing de destinos prósperos, porque influencia a escolha de outros visitantes do destino, a taxa de consumo de produtos e serviços e a decisão de regressar ou revisitar a área (Kozark & Rimmington, 2000; Esu & Arrey, 2009). Vários estudos realizaram investigações sobre a satisfação do cliente e forneceram teorias sobre o turismo (Bramwell, 1998; Bowen, 2001); vários outros estudos também examinaram as expectativas dos turistas e os factores de satisfação em relação aos locais ou atributos turísticos disponíveis (Kozark & Rimmington, 2000; Huh, 2002; Esu & Arrey, 2009; Loo & Davies, 2006; Corwell, 2008), a maior parte destes estudos analisou os atributos turísticos como sendo apenas uma ferramenta económica (WWTC, 2014; UNEP & WTO, 2012; Hall, 2014; Esu, 2013), como tal não prestou um interesse exato nos atributos do turismo cultural.

Os resultados de vários estudos sobre esta matéria revelaram que o interesse da maioria dos gestores de turismo é assegurar a satisfação do turista em detrimento da população local, o que pode ser melhor descrito nas palavras de (Zaei & Zaei, 2013; Simoni & Mihai, 2012; Pike, 2010) que descreveram o cenário do turismo no mundo em desenvolvimento como "o ato de roubar a Pedro para pagar a Paulo", que justificaram no seu estudo como um fator responsável pela situação em que os gestores das áreas de destino turístico baseiam o seu interesse e recursos na satisfação total dos visitantes (turistas) sem um interesse correspondente no bem-estar da comunidade anfitriã ou das pessoas anfitriãs.

Além disso, McGregor (2001) e Kruk (2007) referem que as comunidades anfitriãs abraçam frequentemente a indústria do turismo com luvas de pelica, uma vez que são levadas pelos enormes benefícios físicos e tangíveis que acompanham a indústria, sem quererem verificar os efeitos prejudiciais da indústria sobre elas.

Além disso, Banskota *et al* (2000) afirmam que o desenvolvimento do turismo nos Himalaias nepaleses tem implicações tanto apreciáveis como prejudiciais para a economia anfitriã, estendendo-se igualmente aos atributos ambientais sociais, culturais e físicos das comunidades de montanha. O turismo também contribuiu imensamente para o desenvolvimento das infra-estruturas das comunidades de montanha do Nepal. No entanto, verificou-se que os benefícios não são distribuídos equitativamente entre as comunidades circundantes e que a maior parte dos benefícios se perde devido a um planeamento, uma implementação e uma gestão deficientes (Martens & Rotmans, 2005; McDonald, 2006; Mishler & Rose, 2007) ou porque não existem políticas úteis ou não estão a ser implementadas (Wu & Dwyer, 2010; Glover, 2006). Recomenda-se então que, se forem adoptadas abordagens estratégicas de desenvolvimento, com princípios de conservação integrados, o efeito sobre a economia das comunidades de montanha será rapidamente reforçado através do desenvolvimento do turismo (WTTC, 2014; Napal, 2007; Pike, 2010).

No entanto, Mohammadi, Zainab e Hasan (2010); Mustafa e Abu Tayeh (2011) sublinharam que o turismo leva a mais investimentos e despesas dentro das áreas de destino e traz empregos e benefícios económicos através de efeitos diretos ou de efeitos de arrastamento. Brida e Zapata, (2010); Brida e Zapata, (2010b); Copeland, (2008); Dickinson e Vladimir (2007); Dwyer, Douglas e Livac, (2004); Gibson e Bentley, (2006); Brida, Riano e Zapata, (2012) observaram que o turismo de cruzeiros provocou o aumento do número e das dimensões dos navios de cruzeiro, uma vez que foram construídos e comprados navios cada vez maiores para acomodar e satisfazer a procura do número crescente de passageiros de cruzeiro. Embora este facto tenha tido um impacto dominante na economia da comunidade de acolhimento através da criação de oportunidades de emprego e investimento (Gooroochurn & Blake, 2008; Hickman, 2006), também teve implicações negativas na qualidade sociocultural e ambiental das comunidades de acolhimento, uma vez que o seu ambiente ficou repleto de resíduos perecíveis e imperecíveis gerados pelos turistas e os seus valores tradicionais foram afectados, uma vez que a população local foi observada a imitar alguns aspectos dos visitantes após algum tempo de interação com eles (Mak, 2008; McBoyle &

McBoyle, 2008).

No entanto, Brida e Zapata (2010) indicam que as despesas com o turismo de cruzeiros têm implicações diretas, indirectas ou induzidas na economia de uma área de destino. O efeito direto é sobre os navios de cruzeiro, os passageiros de cruzeiro e a tripulação. O efeito indireto resulta da aquisição, pelos fornecedores diretos, de bens de outras empresas. Os efeitos induzidos ocorrem quando as despesas dos beneficiários diretos e indirectos resultam do aumento dos seus rendimentos.

2.2 Resumo da revisão da literatura

A literatura tem revelado que o turismo tem um grande controlo sobre o avanço económico e a sustentabilidade da área de destino (Douglas, 2011; Gawler, 2005; Esu & Ukata, 2012; Andrew-Essien & Akintoye, 2012); oferta de oportunidades de emprego (Baerwald, 2005; Phoummasak, Kongimanila & Changchun, 2014; Aref & Redzuan, 2009); desenvolvimento de infra-estruturas (Hall, 2000; Robert & Simpson, 1999; Robinson, 2006) e geração de divisas (Napal, 2007; McDonald, 2006; Geels & Kemp, 2007; Esu, 2013).

Além disso, foi salientado que o principal fator fundamental que determina o sucesso do desenvolvimento do turismo num destino é a intensidade da participação da população local ou da comunidade de acolhimento nas actividades turísticas (Mrnjavac & Ivanovic, 2007; Kelly, 20022; Olojessusi, 2005; Larry, 2005; Campbell, 2002; Aref & Ma'rof, 2008; Dieke, 2003; Hall, 2004; Robinson, 2006) e que o número, o tipo e as caraterísticas dos turistas variam significativamente. Isto determina o tipo de impactos (positivos ou negativos) que a indústria pode ter nas comunidades de acolhimento ou na área de destino (UNEP, 2012; WTTC, 2014; Banco Mundial, 1993; Khadaroo & Seetanah, 2007; Bardolet & Sheldon, 2008). Embora o turismo tenha uma grande influência social e económica nas comunidades anfitriãs, também tem algumas implicações ambientais e culturais negativas que podem ser um efeito resultante de sobrelotação, actividades turísticas não planeadas e má administração (Douglas,

2011; Gawler, 2005; Esu & Ukata, 2012; Andrew-Essien & Akintoye, 2012). No entanto, tem um impacto correspondente nos atributos socioculturais (normas, sistema de crenças, eventos, código de vestuário, relações familiares, escolha de alimentos e moda) (Burn, 1999; Greenwood, 1989; McLaren, 2003; Leones, 1995; Zappino, 2005) das comunidades de acolhimento.

Finalmente, vários estudos centraram-se nas implicações socioeconómicas do turismo no desenvolvimento comunitário (Mowforth & Munt, 1998; Douglas, 2011; Gawler, 2005; Esu & Ukata, 2012; Wahab & Pigram, 1997; Skyttner, 2006; Andrew-Essien & Akintoye, 2012; Hinch & Butler, 2007; Zhong, Deng & Xiang, 2007; Jamal & Getz, 1995; Yang, 2006; Swarbrooke, 1999; Yamamura, 2004); e também foram realizados estudos sobre os impactos socioculturais do desenvolvimento do turismo noutras partes do mundo (Tomoko & Samuel, 2009; Inthaphome, 2009; Aref & Redzuan, 2009; Mishler & Rose, 2007; Pike, 2010; Ritchie, 2004; Taylor, 2008; Sergeyer & Moscardini, 2006). Embora tenham sido efectuados vários estudos sobre a participação da comunidade no desenvolvimento do turismo no Estado de Cross River (Aniah, Eja, Otu & Ushie, 2009; Esu, 2013; Esu & Ukata, 2012; Njar, 2012), poucos ou nenhuns estudos se centraram nos impactos socioculturais do turismo no Estado de Cross River. Esta lacuna na literatura constitui a base do presente estudo.

2.3 Quadro concetual

Nos últimos tempos, com a rápida consciencialização e sensibilização das populações locais para os seus direitos e privilégios sobre as suas terras e propriedades, surgiram conflitos e crises em que os seus direitos foram violados. Os esforços para evitar e gerir tais situações podem, por conseguinte, ser explicados através de teorias e conceitos que captam o ambiente e as práticas socioculturais das pessoas. Os conceitos que se seguem são considerados relevantes para a presente investigação:

2.3.1 Teoria das necessidades básicas

Esta teoria foi proposta por Abraham Maslow em 1943 e designada por hierarquia das necessidades de Maslow. Centrava-se na curiosidade intrínseca do ser humano. Esta teoria também se opõe a outros modelos de psicologia humana, alguns dos quais se centram na ênfase das etapas de crescimento na filosofia e na perceção actuais do ser humano. Maslow utilizou as disposições da fisiologia (necessidades de segurança, de pertença, de amor, de estima e de auto-realização) para explicar o comportamento do ser humano no que diz respeito aos incentivos. Ele também enfatizou que o estudo de pessoas insalubres, aleijadas, exploradas e imaturas pode resultar numa psicologia e filosofia aleijadas. Também utilizou o termo "hierarquia das necessidades" que representa a forma de uma pirâmide com as necessidades mais fundamentais na base e as menos fundamentais no topo (Maslow, 1954). Maslow utilizou a pirâmide como forma de representar de facto a hierarquia e a escala das preferências humanas em termos de necessidades básicas. Salientou também que as necessidades humanas mais fundamentais são as chamadas "necessidades de carência", que incluem: estima, amizade e amor, segurança e necessidades físicas. Maslow também defendeu que as necessidades primárias de um indivíduo devem ser satisfeitas antes de esse indivíduo desejar firmemente as necessidades secundárias ou avançadas. Recentemente, a questão das necessidades básicas pode ser considerada tão importante como a forma como Maslow (1943) a descreveu em termos de participação humana e aceitabilidade dos projectos de desenvolvimento. Maslow também utilizou o termo metamotivação para ilustrar a inspiração das pessoas que ultrapassam o âmbito das necessidades básicas e lutam por um progresso incessante.

Além disso, May (1982) indica que Maslow rejeitou claramente as observações homeostáticas que afirmavam que o ser humano é motivado principalmente para descansar quando as suas necessidades inatas são satisfeitas. No entanto, Wicker, Brown, Wiehe, Hagen & Reed (2007) retorquem que Maslow supunha que a satisfação das necessidades básicas não assegura um estado de repouso num indivíduo, mas significa sobretudo uma oportunidade para lutar pela realização de outro nível mais elevado de necessidades. Lawton & Weaver (2014) afirmam que as necessidades secundárias se diferenciam das outras necessidades por se parecerem mais com desejos do que com compulsões, pelo que Maslow identificou a possibilidade de o incentivo poder condicionar a área de necessidade de um indivíduo num determinado momento e, por isso, concentrou-se em identificar as categorias básicas de motivação e o método em que poderiam ser aplicadas. De igual modo, Hall (2014) destacou o perfil da teoria das necessidades básicas como sendo o seguinte: as necessidades fisiológicas, de segurança, de pertença, de estima e de auto-realização (Fig. 2).

No entanto, Wahba e Brudwell (1976) deram pouca relevância à classificação das necessidades, uma vez que Maslow as descreveu como sendo um fator determinante do desejo do indivíduo num dado momento. Manfred Max-Neef também argumentou que as necessidades básicas são naturais e não hierárquicas, e têm um lugar estático na escala de preferências de cada ser humano e não precisam de qualquer tipo de motivação para influenciar a sua posição e que a pobreza diminuiria a atualização e a realização de tais necessidades antecipadas (Kenrick, 2010).

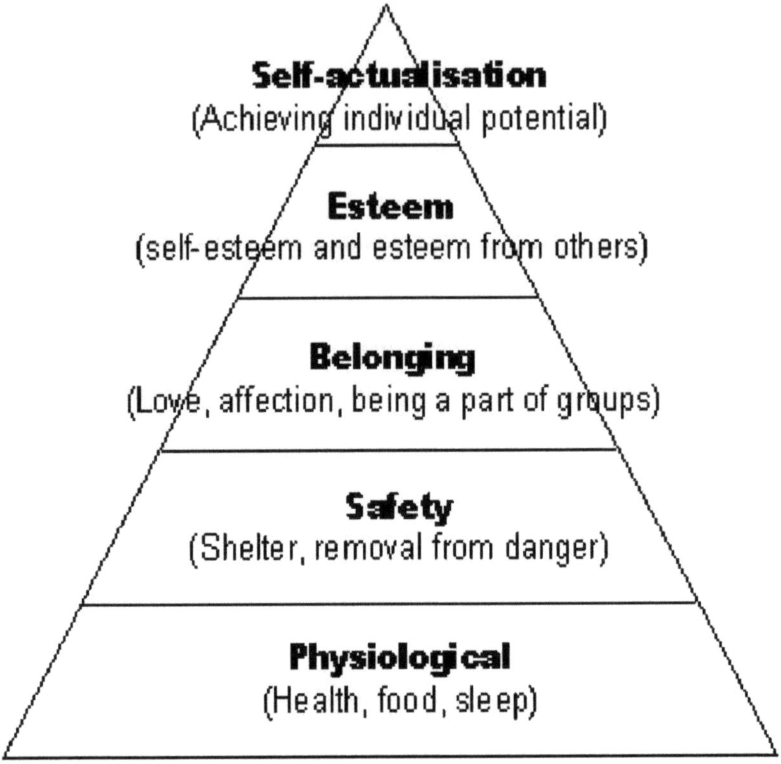

FIGURA 2: A hierarquia das necessidades de Maslow.

Fonte: Adotado de (Maslow, 1976)

No entanto, Hofstede (1984) atacou a pirâmide das necessidades básicas de Maslow como um modelo restritivo, uma vez que não conseguia ilustrar a diferença entre as necessidades sociais e intelectuais das pessoas criadas em sociedades individualistas e colectivistas. Entretanto, Maslow criou a sua hierarquia das necessidades a partir de uma perspetiva individualista, porque a sua experiência e exposição estavam limitadas a um país desenvolvido como os Estados Unidos e, por conseguinte, tinha um estatuto ideológico míope. Ele sublinhou que as necessidades e os motivos das pessoas que vivem em sociedades individualistas tendem a centrar-se mais em si próprias do que no crescimento da sociedade, centrando-se no seu aperfeiçoamento pessoal e na auto-realização. Uma vez que o seu modelo foi considerado do ponto de vista de uma sociedade individualista, considerou as condições prevalecentes no mundo desenvolvido, onde tudo permanecia igual, sem ter uma clara consideração e visão de uma situação desarticulada e desorganizada como a que prevalece na maior parte das partes do mundo em desenvolvimento ou menos desenvolvidas. Assim, a ordem das necessidades na hierarquia, com a auto-realização no topo, não representa a estrutura das necessidades das sociedades colectivistas (Fig. 2). Do mesmo modo, nas sociedades colectivistas, as necessidades da generalidade da comunidade ultrapassam significativamente as necessidades dos indivíduos (Hofstede, 1984).

A teoria de Maslow também foi criticada por não considerar a distinção na posição e no valor dos estatutos masculino e feminino na pirâmide, considerando o diferencial de sexo como um fator menor a ter em conta, vendo o sexo das pessoas de um ponto de vista individualista e não coletivista. A sua posição de diferencial de sexo ignorou as inferências emocionais, familiares e evolutivas que caracterizam as comunidades desenvolvidas e em desenvolvimento (Kenrick, Griskericius, Neuberg & Schaller, 2010).

No caso do turismo e do desenvolvimento cultural, esta teoria pode ser integrada pelo reconhecimento de que as necessidades humanas são insaciáveis e que, à medida que os turistas visitam uma área (atracções turísticas) com o objetivo de satisfazer as suas necessidades de natureza ou de experiência cultural, o anfitrião ou a população local esperam, ao mesmo tempo, obter alguns benefícios acumulados dessas actividades. Tudo isto conduz a um estado de desvio em termos de interesse nas necessidades e prioridades que ordenam e determinam o nível e o estado de interação entre o anfitrião (população local) e o turista que visita uma comunidade. A necessidade de satisfazer as necessidades básicas das pessoas tem sido observada como sendo tão importante e necessária como o próprio desenvolvimento, sendo que a decisão de aceitar ou não aceitar um conflito de desenvolvimento nasce com base na preferência percebida da atualização das necessidades. Atualmente, a maioria das comunidades de acolhimento considera o que pode beneficiar da indústria do turismo antes de decidir participar parcial ou totalmente nas actividades turísticas na sua comunidade (Cornwall, 2000). É digno de nota que, hoje em dia, a consideração exclusiva da atualização das necessidades como base fundamental para a avaliação de projectos no desenvolvimento do turismo tem sido desencorajada com base nos efeitos negativos que também acompanham a indústria (Power, 2002).

Isto deu origem à questão do desenvolvimento sustentável do turismo, que considera devidamente os benefícios e os efeitos da indústria do turismo para assegurar um estado de equilíbrio a longo prazo (Cornwall & Coelho, 2006). Este estudo adopta plenamente o princípio desta teoria, uma vez que a indústria do turismo no Estado de Cross River, na Nigéria, foi considerada em duas dimensões, nomeadamente, os seus impactos socioeconómicos e socioculturais na população.

2.3.2Teoria da participação dos cidadãos

A teoria da participação dos cidadãos foi proposta por Kreitlow em 1960. A teoria centrava-se na necessidade e na relevância da colaboração nos processos de desenvolvimento humano. Neste sentido, Kreitlow defendeu que a população local deve ser encorajada ou levada a participar ativamente nas fases de desenvolvimento comunitário ou regional que envolvem o planeamento, a implementação, a partilha de benefícios ou a utilização e avaliação de equipamentos sociais que se considera poderem melhorar o seu bem-estar (Kohn, 1990). A teoria está enraizada na noção de desenvolvimento comunitário que propõe que qualquer programa de desenvolvimento iniciado nos territórios das comunidades regionais deve tentar suscitar o entusiasmo e o envolvimento dessas pessoas em todas as suas fases e processos (Maccoby, 1988). Kenrick, Griskervicius, Neuberg e Scheller (2010) afirmam que a teoria da participação dos cidadãos enfatiza uma maior equidade e democracia, bem como a apropriação e a capacidade de resposta em relação ao desenvolvimento da comunidade. Também defende a possibilidade de os cidadãos individuais e os grupos dentro de uma comunidade tomarem parte nas questões que afectam a sua comunidade

(Cornwall, 2000).

Do mesmo modo, Douglas (2011) salientou que a participação dos cidadãos enfatiza a iniciativa das pessoas como forma de estimular o envolvimento ativo de todos os residentes no processo de desenvolvimento da comunidade. Isto implica que o estímulo necessário para o sucesso dos eventos turísticos e culturais tem de vir das próprias pessoas que trabalham em colaboração com as autoridades governamentais. A todos os níveis, deve ser dada à comunidade a oportunidade de aprender e adquirir experiência através da participação nos processos de planeamento e execução de projectos que a afectam ou lhe dizem respeito (Cornwall & Coelho, 2006; Power, 2002).

Além disso, Markusen (2004), ao exaltar a participação dos cidadãos no desenvolvimento, defende que o direito de aprender está sujeito ao envolvimento dos cidadãos nas actividades quotidianas da sua comunidade. May (1982) explicou que uma comunidade organizada oferece um cenário ideal para o trabalho de uma participação equitativa efectiva, com as suas crenças ou valores enraizados na livre iniciativa e a noção de que o direito do anfitrião ou da população local e o seu futuro dependem geralmente da sua capacidade de funcionar eficazmente no seio da sociedade total. Por conseguinte, Cornwall (2000) sublinhou que a participação dos cidadãos cria fé no entendimento comum; aumenta a possibilidade de sucesso na execução de projectos concebidos para as suas condições de vida.

Esta teoria é pertinente, uma vez que dá às pessoas uma maior oportunidade de se envolverem no planeamento, na tomada de decisões e na implementação de políticas sobre o desenvolvimento do turismo na sua comunidade. Esta teoria tem uma influência significativa na avaliação das implicações socioculturais do turismo nas pessoas e nas comunidades do Estado de Cross River, uma vez que se considera que a população local ou os residentes têm um interesse imenso em participar em todas as fases do desenvolvimento do turismo nas suas comunidades e que este tem sido o fator determinante do sucesso e da sustentabilidade da indústria na região (Nwakonobi, 2004). Esta teoria apresenta algumas limitações baseadas no facto de a participação equitativa nunca poder ser alcançada se as pessoas não possuírem a capacidade de participar nos desafios colocados pela indústria do turismo (Kohn, 1990). Por conseguinte, estudiosos como Chok e Macbeth (2007) e Hinch e Butler (2007) admitem que, para que a população local ou os indígenas tenham uma participação efectiva na atividade ou evento turístico, é necessário criar instalações e projectos de reforço das capacidades. É em relação a este esforço para explicar plenamente a relevância das populações locais no desenvolvimento do turismo que Zhao e Ritchie (2007) também descobriram um modelo integrativo que ilustra como o desenvolvimento do turismo pode ser analisado como um meio vital para a melhoria económica. A teoria identificou que os menos privilegiados, que se encontram principalmente nas comunidades locais dos países em desenvolvimento (Chok & Macbeth, 2007), são as principais partes interessadas que desempenham um papel importante no planeamento, implementação e gestão do turismo. Também enfatizou que, para que o turismo contribua com sucesso para a melhoria económica, três factores interligados devem ser postos em prática (Brida & Zapata, 2010). Um dos factores é assegurar o envolvimento ativo da população local nos processos de desenvolvimento do turismo; outro fator é assegurar a singularidade e a competitividade do destino para permitir que um maior número de turistas tenha vontade de visitar a área. Isto sugere, portanto, que os turistas não são apenas atraídos para uma área de destino para passarem tempo com a população local, mas são também atraídos pela disponibilidade de sítios turísticos atractivos e únicos que ofereçam o tipo de experiência que satisfaça a sua procura (Gartner, 1996). O terceiro fator é a capacidade e a sustentabilidade do destino para assegurar actividades turísticas viáveis (Brida & Zapata, 2010).

Além disso, Zhao e Ritchie (2007) sublinharam a noção de que a ausência de qualquer um destes factores pode reduzir os benefícios do turismo que chegam à população local. O quadro reconheceu ainda os três factores determinantes que, se associados aos factores já destacados, podem conduzir à redução da pobreza nas comunidades de acolhimento (Douglas, 2011). Um determinante é a capacidade de gerar oportunidades económicas às quais as populações locais devem ter acesso adequado, a fim de melhorar a sua vida e a sua comunidade (Brida & Zapata, 2010). Outro fator determinante é o empoderamento das comunidades locais (Brida & Zapata, 2010; Zhao & Ritchie, 2007). Por outras palavras, este promove a capacidade da comunidade para ser ativa e ter algum controlo nos processos de tomada de decisão (Douglas, 2011). Também visa aumentar a sua capacidade de influenciar os seus interesses e benefícios de qualquer atividade económica que possa ser introduzida na comunidade (Power, 2002). A palavra "empoderamento" envolve a erradicação dos obstáculos que limitam a capacidade das comunidades locais de melhorar a sua capacidade de participar ativamente nos processos de desenvolvimento (Power, 2012).

Do mesmo modo, uma vez que a população local menos privilegiada não tem capacidade financeira suficiente para criar e gerir as suas próprias empresas e, por conseguinte, não tem capacidade suficiente para suportar vários riscos, tais como problemas de saúde, despesas do mercado de capitais e invasão de catástrofes naturais, é imperativo proporcionar oportunidades económicas e capacitação (Douglas, 2011). Além disso, a segurança também é fundamental para que os dois determinantes (oportunidade e capacitação) atinjam o objetivo desejado de assegurar a redução da pobreza nas comunidades de acolhimento, uma vez que a existência de uma segurança adequada eliminará o medo entre os investidores, os turistas e a população local, assegurando um ambiente empresarial tranquilo e saudável que promoverá mais actividades turísticas e incentivará uma maior duração da estadia entre os turistas (Chok & Macbeth, 2007). Em termos simples, uma rede de segurança adequada é altamente necessária para facilitar e capacitar as comunidades locais a aliviar a pobreza através do turismo, protegendo-as contra quaisquer riscos iminentes (Zhao & Ritchie, 2007).

No Uganda, por exemplo, até 2010, um décimo dos adultos estava infetado pelo VIH/SIDA (Banco Mundial, 2010). Isto significa que qualquer tentativa de reduzir a prevalência da pobreza nas comunidades locais poderia ser minimizada pelo domínio desta doença, uma vez que as pessoas não interagiriam livremente devido ao medo de contactar a doença (Banco Mundial, 2010). Por conseguinte, qualquer programa de turismo ou de luta contra a pobreza deve, em primeiro lugar, esforçar-se por reduzir ou eliminar a propagação da doença através de estratégias que trabalhem igualmente a psicologia das pessoas e deve também envolver um componente de segurança social com um programa que aspire a travar a propagação dessa doença, reduzindo assim a suscetibilidade das pessoas aos riscos de doença (Chok & Macbeth, 2007). Em conclusão, esta teoria é considerada relevante para este estudo, uma vez que indica claramente a importância da capacitação e da participação da população anfitriã do Estado de Cross River na indústria do turismo e a sua participação assegurou efetivamente o sustento da indústria no Estado.

2.3.3Teoria da mobilização social

A teoria da mobilização social recomenda a mobilização de recursos para uma ação eficaz (Jennings, 1995). Oduaran (1989) postula que a mobilização consiste essencialmente em movimentos ou acções ou campanhas especificamente concebidas para ativar as pessoas num processo acelerado de mudança. De acordo com Akinpelu (1988), a mobilização é um ingrediente essencial na conceção e implementação de qualquer projeto concebido para o desenvolvimento. Isto diz respeito tanto aos recursos humanos e materiais como às caraterísticas psicológicas, físicas e atitudinais que podem ser combinadas com a ação no processo de reunir recursos para executar um projeto (Douglas, 2011). A teoria da mobilização, no seu uso literal, tem uma conotação militar e implica a reunião e a coordenação de todos os recursos que podem garantir o sucesso das operações, com o objetivo de os preparar para o combate (Jennings, 1995).

A abordagem de mobilização para o desenvolvimento da comunidade envolve a reunião dos recursos humanos e materiais das pessoas para assegurar a implementação bem sucedida do seu projeto comunitário. A mobilização é considerada necessária como uma abordagem da participação da população local (anfitriã) no desenvolvimento de eventos turísticos e culturais por razões inerentes à teoria e à prática do desenvolvimento de destinos (Cornwall, 2000). Promove a participação sincera e entusiástica das pessoas em projectos de desenvolvimento (Douglas, 2011). A medição desta teoria não é feita apenas por símbolos ou slogans, mas pelas actividades reais que pode ter gerado para melhorar o bem-estar da população local (Cullen, 1996). Além disso, Aniah, Eja, Otu e Ushie (2009) salientaram que o estatuto social da população do Estado de Cross River influenciou significativamente as operações da indústria do turismo no Estado e, a este respeito, os princípios desta teoria devem ser bem articulados e infundidos nos processos de planeamento e implementação da indústria no Estado.

Embora a teoria defenda a mobilização das pessoas para apoiar os avanços do desenvolvimento nas suas localidades, é digno de nota que esta teoria tem uma relevância significativa na promoção e no reforço da indústria do turismo no Estado de Cross River, uma vez que apela a que as pessoas sejam sensibilizadas e encorajadas a participar e a proteger a indústria do turismo sem abandonarem os seus valores fundamentais. Trata-se de uma chamada de atenção para a sustentabilidade ambiental e cultural que sensibilizou e preocupou a população anfitriã para os impactos que a indústria tem nas suas comunidades.

2.3.4Conceito de participação comunitária

Vários estudos tentaram estabelecer um modelo funcional que considere a propagação do desenvolvimento através da participação da comunidade na perspetiva da sensibilização e formação educativa sem ter ligação com qualquer sector económico (Arnstein, 1969). Estes estudos concentraram-se imenso nas abordagens participativas em práticas de desenvolvimento prático, embora tenham dado passos significativos no sentido de assegurar uma coesão autêntica e interactiva dos residentes ou das populações locais (Tosun, 2006). No entanto, Tosun (1999) examinou o envolvimento das populações locais na indústria do turismo e sugeriu o conceito mais preferível que poderia ser aplicado particularmente nas comunidades locais das regiões em desenvolvimento. O seu modelo ilustra a necessidade de aplicar três tipos de participação que ajudam a identificar o envolvimento da comunidade nos processos de desenvolvimento como um processo que defende a aceitabilidade, as atitudes apreciáveis e a sustentabilidade do projeto regional ou comunitário para assegurar o sucesso global desse projeto a longo prazo. Estes métodos de participação sugeridos incluem: participação espontânea da comunidade, participação coerciva da comunidade e participação induzida da comunidade.

Tosun (2006) também fez uma análise comparativa da sua teoria com as propostas por Pretty (1995) e Arnstein (1971), onde apoiou um processo participativo impulsivo, onde o direito de controlo total dos bens foi atribuído à comunidade anfitriã e este destacou-se como um método ideal de participação da comunidade no turismo que é semelhante ao nível de autoridade e controlo do cidadão no modelo de Arnstein e à auto-mobilização e modo interativo de participação no modelo de Pretty. Além disso, também se pode destacar o turismo comunitário induzido no modelo de Tosun, em que a população local tem controlo sobre os processos de desenvolvimento turístico, que é semelhante à extensão do tokenismo do cidadão no modelo de Arnstein e ao envolvimento ativo para obter benefícios monetários na tipologia de Pretty. Neste processo, verificou-se que a população e a comunidade local estão parcialmente envolvidas no processo de tomada de decisões, mas não têm controlo sobre os processos de implementação e de partilha de benefícios, devido à presença ou ao envolvimento de grupos mais poderosos, tais como organizações governamentais, empresas multinacionais e investidores internacionais. Isto encoraja a adoção de alguns aspectos do modelo simbólico, tal como identificado na tipologia de Arnstein, que constitui uma abordagem de cima para baixo (uma forma passiva ou indireta de participação da comunidade), comummente praticada em regiões menos desenvolvidas, onde a população local anfitriã é meramente passiva ou uma parte menos privilegiada no processo de implementação do desenvolvimento do turismo, experimentando um caso em que as decisões são tomadas para eles e não por eles.

No método participativo coercivo, a população local também está parcialmente envolvida no processo de tomada de decisão, tal como na participação induzida. No entanto, verificou-se que algumas decisões são tomadas com especial atenção para satisfazer as necessidades básicas do anfitrião, de modo a evitar potenciais vícios sociais e riscos para os turistas (Tosun, 2006). Este tipo de participação é visto como uma participação passiva ou parcial e uma tentativa dos gestores de turismo ou do governo de promover o desenvolvimento do turismo principalmente para satisfazer as expectativas dos turistas e é comparado à manipulação e à terapia no modelo de Arnstein e ao aspeto passivo e manipulador na tipologia de Pretty (Tosun, 2006).

Embora a literatura disponível sugira que o turismo cultural tem origem na filosofia de alguns modelos de participação no desenvolvimento do turismo, a comunidade coerciva refere-se ao que Kibicho (2003) ilustrou ao identificar que existe uma ligação entre o envolvimento da população local nas actividades turísticas e a extensão do apoio à sua sustentabilidade. Por conseguinte, é imperativo afirmar que a população local é um dos principais interessados em assegurar o desenvolvimento e a sustentabilidade do turismo, que não pode ser alcançado sem o envolvimento ativo da população local (Vincent & Thompson, 2002). Isto também indica que a participação comunitária, que é uma ideologia muito recente que surgiu após o fracasso das teorias socioeconómicas e políticas sobre o desenvolvimento regional, procura abordar a questão da sustentabilidade da indústria do turismo (Li, 2005; Tosun, 2000). Enquanto a sustentabilidade é a base para a participação da comunidade no turismo (Vincent & Thompson, 2002; Johannesen & Skonhoft, 2005), os defensores do turismo comunitário enfatizaram que a participação da população local defende a melhoria do bem-estar da comunidade local e também atrai o seu apoio no avanço, promoção e utilização dos recursos turísticos (Songorwa, 1999). Isto implica que o envolvimento da população local é inevitável e imperativo para que o desenvolvimento do turismo atinja um equilíbrio, uma vez que a maior parte das atracções turísticas se situa nas comunidades locais e, por conseguinte, não é possível alcançar paz e estabilidade se a população local não apoiar a existência de instalações turísticas que garantam o conforto dos turistas.

Além disso, a maior parte dos eventos turísticos ou culturais tem lugar no seio das comunidades locais e estas são as principais vítimas dos danos que acompanham a indústria do turismo e é um facto estabelecido que as populações locais são os guardiães das principais atracções que os turistas procuram (Kibicho, 2003; Havel, 1996; Wolfensohn, 1996; Blank, 1989; Scheyvens, 2002; Beeton, 2006; Li, 2005; Tosun, 2000). É pertinente encorajar a população local a envolver-se plenamente em todas as fases do turismo para assegurar o sustento dos produtos e serviços turísticos através de práticas de colaboração eficazes orientadas para uma abordagem mais baseada na comunidade que asseguraria um sistema de apoio comunitário sólido para o desenvolvimento do turismo nas áreas de destino (Tanzania Tourism Policy, 1999; Tosun, 2000). É neste contexto que a participação da comunidade e o desenvolvimento do turismo sustentável estão a ser cada vez mais integrados, uma vez que este conceito define claramente o papel da participação da comunidade no desenvolvimento do turismo. Com a rica base cultural do Estado de Cross River, seria forçoso perguntar por que razão o Estado não pode depender totalmente do turismo como principal fonte de geração de receitas para o Estado, mas sim clamar por poços de petróleo que parecem estar fora de alcance neste momento. Com os numerosos sítios culturais, naturais e históricos espalhados pelo Estado, seria de esperar que o Estado tivesse um grande número de turistas a frequentá-lo e uma correspondente geração de receitas e rendimentos estrangeiros provenientes da indústria do turismo no Estado, mas não é isso que acontece, pois pouco foi feito para facilitar e organizar os vários sítios de modo a serem facilmente acessíveis e a cumprirem as normas internacionalmente esperadas, de modo a atrair mais turistas para o destino.

Em conclusão, esta teoria levou à integração e ao envolvimento das comunidades de acolhimento em todas as fases do desenvolvimento do turismo (planeamento, implementação e partilha de benefícios) no local de estudo. Isto acrescentou mais valor à indústria do turismo, uma vez que as pessoas têm agora um grande interesse nas actividades da indústria e estão prontas para proteger e sustentar as suas operações, porque sabem que o fracasso da indústria terá um efeito correspondente no seu bem-estar.

CAPÍTULO 3

METODOLOGIA DE INVESTIGAÇÃO

3.1 Conceção da investigação

Para este estudo foi adotado um desenho de investigação transversal e causal. O desenho causal foi adotado porque o investigador efectuou um estudo aprofundado do tema para poder compreender os valores socioculturais dos turistas e das populações locais e as mudanças e impactos resultantes da interação entre os turistas e as populações locais (Bachman, 2007; Trochim, 2006). Foi também adotado um desenho transversal, uma vez que o estudo procurou examinar as diferenças entre os valores socioculturais dos turistas e da população local e os efeitos correspondentes da interação dos dois grupos (Loo & Davies, 2006; Loo & Davies, 2006). A conceção de causalidade pode ser explicada em termos lógicos como "se X, então Y".

Este método de investigação é empregue para determinar a extensão que uma determinada variação teria sobre outras variáveis existentes (Cornwell, 2008). O efeito causal surge quando as alterações numa situação (variável independente) conduzem a uma variação ou alteração noutra situação (variável dependente). As concepções de investigação da causalidade também ajudam a determinar por que razão as coisas aconteceram da forma como aconteceram, através do processo de provar uma relação causal entre situações ou variáveis e também de tentar reduzir ocorrências futuras. Embora nem todas as ocorrências tenham efeitos casuais, a medida em que se pode dizer que uma situação tem a possibilidade de ter um efeito causal depende da relação existente entre dois ou mais acontecimentos ou fenómenos. Isto significa que a causalidade só pode ser inferida e nunca estabelecida, ou seja, se duas variáveis são comparadas, a causa deve ser anterior ao efeito, porque é a causa que premedita ou determina o efeito. No entanto, embora duas variáveis possam estar relacionadas causalmente, pode ser complexo estabelecer qual a variável que vem primeiro e, por conseguinte, estabelecer qual a variável que é a verdadeira causa e qual o efeito é algo difícil (Srithammasak,

2010).

Do mesmo modo, a conceção transversal só pode determinar as diferenças entre ou entre uma variedade de pessoas ou fenómenos, em vez de um processo de mudança. Como tal, os estudos que utilizam esta conceção só podem explorar uma abordagem passiva para fazer deduções causais com base nos seus resultados (Abbott, 2013). Os estudos que adoptam uma abordagem causal fornecem geralmente uma apresentação clara dos resultados e do comportamento a eles associado num determinado momento. Ao contrário de uma conceção experimental, em que existe uma intervenção ativa do investigador para efetuar e medir alterações ou criar diferenças, as concepções transversais centram-se no estudo e na obtenção de conclusões a partir das diferenças existentes entre pessoas, ocorrências ou fenómenos (Tosun, 2000).

Em conclusão, os estudos utilizam informações de um grande número de indivíduos e, ao contrário dos estudos observacionais, não estão limitados geograficamente. A conceção transversal também pode estimar a ocorrência de um resultado de interesse porque a amostra é sempre retirada de toda a população. Uma vez que uma conceção transversal utiliza geralmente técnicas de inquérito para recolher os seus dados, é razoavelmente barata e requer um tempo muito limitado.

3.2 Tipos de dados

Os dados obtidos para este estudo foram baseados nos objectivos do estudo, com informações sobre

i) Chegadas de turistas e suas caraterísticas

ii) O fator determinante da escolha dos sítios turísticos pelos turistas iii) Os valores socioculturais da população anfitriã

iv) Valores socioculturais dos turistas

v) Iniciativas de turismo e respectivos serviços de apoio

vi) Nível de envolvimento dos turistas em actividades socioculturais

vii) Turistas e prestadores de serviços

viii) Actividades socioculturais disponíveis

ix) Estilos de vida, cerimónias e moralidades tradicionais colectivas.

3.3 Fontes de dados

Foram utilizadas fontes primárias e secundárias de recolha de dados para obter dados para esta investigação. As fontes primárias implicaram a utilização de questionários, entrevistas e observações diretas do investigador no terreno. As fontes secundárias incluíram informações de livros didácticos, revistas, do Gabinete de Turismo do Estado de Cross River e da gestão dos vários sítios e equipamentos turísticos na área de estudo.

3.4 População do estudo

A população do estudo é constituída pelos residentes nos locais de estudo. Trata-se de homens e mulheres com mais de 18 anos de idade que passaram pelo menos um ano na zona e estão envolvidos no turismo e noutras actividades económicas.

3.5 Dimensão da amostra e processos de amostragem

O estudo abrangeu os três distritos senatoriais (Norte, Centro e Sul) do Estado de Cross River, com maior ênfase nos pontos de interesse turístico do Estado. Quatro áreas governamentais locais nos três distritos senatoriais foram selecionadas propositadamente para este estudo com base na disponibilidade de actividades e eventos turísticos na área. São elas o município de Calabar e Calabar Sul (metrópole de Calabar), Yakurr (Ugep) e Obanliku (zona de estância de montanha de Obudu) (Figura 3). Além disso, foi adoptada uma técnica de amostragem aleatória estratificada para o estudo, a fim de refletir a distribuição geográfica diversificada da área residencial das comunidades em estudo (Zikmund, 1997). A área foi dividida em distritos para permitir ao investigador ter uma visão e compreensão claras das caraterísticas da população e, em seguida, o tamanho da amostra foi determinado pela população proporcional da comunidade em relação à população total da área de investigação. Em Ugep, foram selecionados para o estudo os seguintes distritos: Ikpakapi, Biko-biko, Ijiman, Ijom e Katabebe. Em Obanliku, foram selecionadas para o estudo as seguintes aldeias: Kegol, Okpazenge, Okwamu, Keji-ukwu, Akpa-ajili e Anape, enquanto na metrópole de Calabar foram amostradas Akim, Big Quo, Ikot Enebong, Henshaw town, Ikot Ishie e Ekpo Abasi.

Os chefes de família foram o foco do estudo. Um agregado familiar pode ser descrito como uma ou mais pessoas que vivem juntas e partilham refeições ou alojamento, podendo ser constituído por uma ou mais famílias ou envolver a inclusão de outros indivíduos ou grupos de pessoas. Considera-se que uma única habitação contém vários agregados familiares se as refeições ou o alojamento não forem utilizados em comum ou partilhados. A área de estudo é composta por um total estimado de 9.820 agregados familiares (Tabela 3.1) (projetado a partir do Censo Nacional da População de 2006). Os chefes de família foram utilizados para o inquérito por questionário, uma vez que estavam em posição de fornecer informações adequadas para o estudo, pois a maioria deles tem experiência suficiente para fornecer informações sobre as caraterísticas socioculturais da área de estudo. Dez por cento do total de agregados familiares estimados em cada um dos locais de estudo foram sistematicamente selecionados para este estudo, perfazendo um total de 982 chefes de agregados familiares para o estudo. A escolha de dez por cento em todos os locais de estudo foi necessária devido à variação da dimensão da população do local de estudo e isto ajudou o investigador a ser imparcial na determinação da dimensão da amostra do estudo, tal como sugerido em Loo & Davies, 2006; Zikmund, (1997); Miranda, (2007).

3.6 Método de recolha de dados

3.6.1Inquérito por questionário

Foram utilizados dois conjuntos de questionários para este estudo. Um conjunto para os hotéis ou instalações de alojamento mais frequentados na zona para ajudar o estudo a obter informações sobre as chegadas de turistas, o objetivo das visitas, a origem dos turistas e os seus meios de conhecimento do local e das actividades socioculturais.

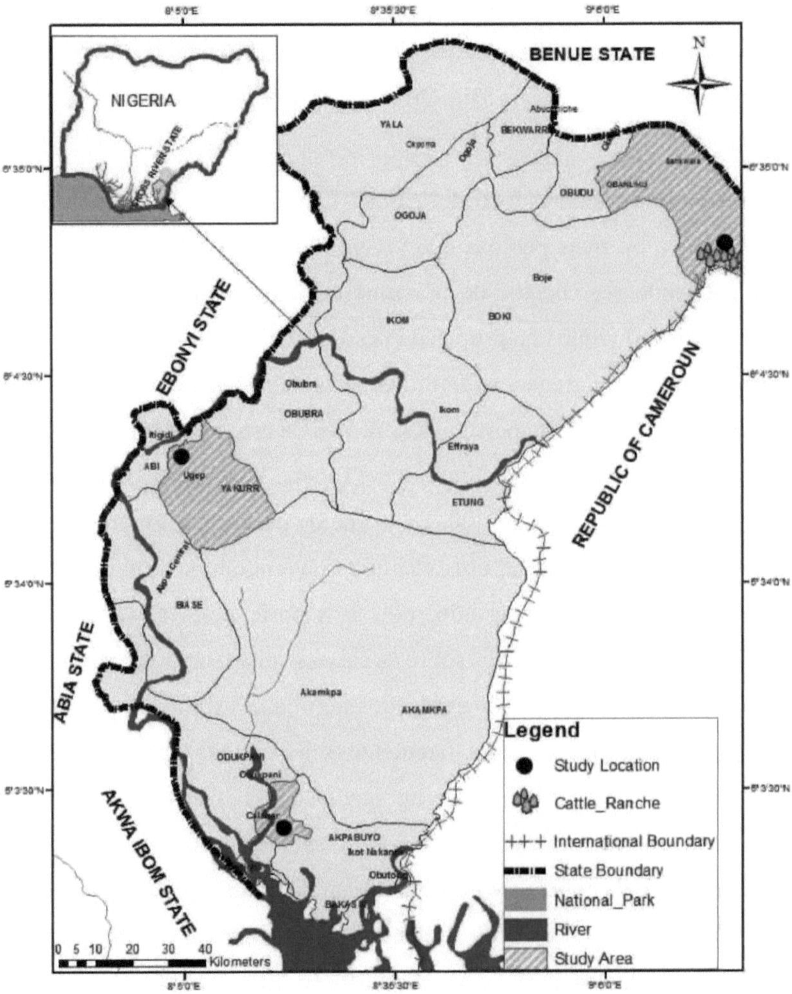

FIGURA 3: Estado de Cross River e os locais de estudo

Fonte: Departamento de cartografia, Ministério do Território e dos Estudos do Estado de Cross River (2015)

QUADRO 3.1

Distribuição da população da amostra por área de governo local

Distrito senatorial	LGA	Área de amostragem	*População do agregado familiar (2006)	**Total Estimativa Agregados familiares (2015)	Chefes dos agregados familiares da amostra (%10)
Norte	Obanliku	Aldeias de ranchos e Sankwala	856	1,440	144
Central	Yakurr	Ugep	2052	3,940	394
Sul	Calabar Municipal Calabar Sul	Calabar e metrópole	2837	4,440	444
Total			5745	9,820	982

*Recenseamento Nacional da População 2006.

Fonte: **(Projeção para 2015).

O outro conjunto de questionários destinava-se aos residentes locais, que ajudaram a obter informações sobre a duração da sua estadia na comunidade, as suas caraterísticas demográficas, como a idade, o estado civil, a profissão, as diferenças de sexo, as habilitações literárias, os valores e actividades socioculturais da zona; e a perceção das pessoas em relação aos turistas e ao desenvolvimento do turismo, bem como as mudanças e a influência das suas interações com os turistas nos seus atributos e valores socioculturais. Algumas perguntas do questionário foram concebidas com uma escala de likert de cinco pontos para permitir ao estudo obter opiniões através de classificação e pontuação. O nível de perceção das pessoas sobre o impacto da interação dos turistas com as pessoas também foi medido com os valores da escala de likert que variam entre 1= discordo totalmente, muito baixo, muito negativo e 5= concordo totalmente, muito alto, muito positivo, conforme o caso. Foi realizado um inquérito por questionário para permitir ao investigador obter informações dos inquiridos sobre o impacto da sua interação com os visitantes/turistas no seu sistema de valores de estilo de vida sociocultural. O questionário, que é um dos principais instrumentos utilizados para obter informações para este estudo, foi validado pelos supervisores.

3.6.2Método de investigação participativa

Os métodos de investigação participativa foram adoptados, em primeiro lugar, na consulta do chefe da aldeia, dos anciãos, do conselho de jovens e das mulheres líderes, para os informar sobre o objetivo da investigação, e na recolha de dados para fornecer informações de base sobre as áreas de estudo com interface com a indústria do turismo. Esta técnica permite ao investigador aprender mais sobre as pessoas e os valores culturais de uma forma participativa e recolher informações em primeira mão, que não podem ser facilmente recolhidas através do método de inquérito por questionário (Okech, 2008). O método foi orientado através de uma lista de verificação que permite obter informações com base nos objectivos do estudo. As entrevistas semi-estruturadas foram conversas informais, cuidadosamente controladas e estruturadas, orientadas por perguntas pré-determinadas sobre as caraterísticas dos turistas e os valores fundamentais das pessoas, bem como sobre as mudanças ocorridas ao longo do tempo e as razões previstas para essas mudanças.

A entrevista foi efectuada a gerentes de hotéis, instalações de apoio ao turismo; ao chefe da aldeia, aos anciãos, aos líderes femininos e ao grupo de jovens da zona. A entrevista proporcionou ao investigador um bom conhecimento de base e informações sobre os valores socioculturais da população ao longo do tempo.

3.6.3Observação direta no terreno

O investigador captou questões relevantes observadas sob a forma de imagens e tabelas obtidas no terreno durante o trabalho de campo, uma vez que isso ajudou a lançar mais luz sobre o assunto. O investigador observou os vários impactos tangíveis do turismo na área de estudo, como as estradas acessíveis construídas, as instalações de alojamento melhoradas, as instalações recreativas e a limpeza do ambiente.

3.7 Técnicas de análise de dados

Os dados recolhidos foram apresentados em tabelas, quadros e gráficos. Foram utilizadas técnicas de estatística descritiva como a média, as percentagens simples e o desvio padrão para interpretar os dados do campo. A estatística inferencial foi utilizada para analisar as hipóteses de estudo deste trabalho, como se segue; i) Hipótese um:

Ho: Não há variação significativa nas chegadas anuais de turistas entre 2003 e 2013 na área de estudo

Olá: Existe uma variação significativa nas chegadas anuais de turistas entre 2003 e 2013 na área de estudo

Foi utilizada uma análise de variância (ANOVA) unidirecional para analisar esta hipótese, uma vez que o investigador tentou comparar duas ou mais variáveis do número de chegadas de turistas ao longo dos anos objeto de investigação.

A análise de variância de uma via (ANOVA) é dada como:

$$CF = \frac{\sum (X)^2}{N} \quad \text{(i)}$$

Onde

CF = Fator de correlação

$\sum (X)^2$ = soma dos quadrados para a variável individual

N = Frequência de ocorrência

$$\text{Total SS} = X^2{}_1 + X^2{}_2 + X^2{}_3 + \cdots - X^n{}_n - CF$$

$$\text{Treatment SS} \quad \underline{X^2{}_1 + X^2{}_2 + X^2{}_3 + \cdots - X^n{}_n - CF}$$

ii) Hipótese dois:

Ho: Os objectivos da visita dos turistas à área de destino não variam significativamente ao longo dos anos.

Olá: Os objectivos da visita dos turistas à zona de destino variam significativamente ao longo dos anos.

Foi utilizada uma análise de variância (ANOVA) unidirecional para analisar esta hipótese, uma vez que o investigador tentou comparar duas ou mais variáveis dos objectivos das visitas dos turistas e a sua distribuição na área de estudo

A análise de variância (ANOVA) de uma via é dada como:

$$CF = \frac{\sum (X)^2}{N} \quad \text{(i)}$$

Onde

CF = Fator de correlação

$\sum (X)^2$ = soma dos quadrados para a variável individual

N = Frequência de ocorrência

$$\text{Total SS} = X^2{}_1 + X^2{}_2 + X^2{}_3 + \cdots - X^n{}_n - CF$$

$$\text{Treatment SS} \quad \frac{X^2{}_1 + X^2{}_2 + X^2{}_3 + \cdots - X^n{}_n - CF}{N}$$

iii) Hipótese três

Ho: Não existe diferença significativa nos valores socioculturais das pessoas antes e depois das interações com os turistas na área de estudo

Hi: Não há diferença significativa nos valores socioculturais das pessoas antes e depois das interações com os turistas na área de estudo Foi utilizado o teste T independente, uma vez que o investigador procura comparar o comportamento das variáveis em dois períodos

A fórmula do teste t independente é a seguinte

$$t = \frac{x_1 - x_2}{\sqrt{\frac{s^2}{n_1} + \frac{s^2}{n_2}}}$$

$$\text{Where } s^2 = \frac{(\sum x_1^2 - (\sum x_1)^2/n_1 + (\sum x_2^2 - (\sum x_2)^2/n_2}{n_1 + n_2 - 2}$$

Onde t representa o valor calculado do teste t

x1 = Pontuação média da distribuição amostral um

x2 = Nota média da distribuição da amostra dois a dois s^2=Variância dos grupos

n1= Dimensão da amostra da distribuição da amostra um

n2= Dimensão da amostra da distribuição da amostra dois

iv) Hipótese quatro

Ho: O sector do turismo não tem um impacto significativo no desenvolvimento comunitário

Hi: A indústria do turismo não tem um impacto significativo no desenvolvimento comunitário O coeficiente de correlação produto-momento de Pearson foi utilizado para testar esta hipótese porque foi utilizado para determinar o nível de impacto do turismo na economia dos locais de estudo.

O coeficiente de correlação do momento do produto de Pearson (r) é dado como;

$$r = \frac{n\sum XY - \sum Xy}{\sqrt{(n\sum x^2 - (\sum X)^2 (n\sum Y^2 - (\sum Y)^2)}}$$

Onde:

r = Coeficiente de determinação

x = Setor do turismo

Y = número de projectos

n = 982

$\sum$ = Soma dos itens e;

t = Teste

CAPÍTULO 4

APRESENTAÇÃO DOS DADOS, ANÁLISE E DISCUSSÃO DOS RESULTADOS

4.1 Caraterísticas demográficas dos inquiridos na área de estudo

Este capítulo centra-se na apresentação, análise dos dados e discussão dos resultados. A apresentação e a análise dos dados tiveram por base os objectivos do estudo e as hipóteses. O estudo examinou as caraterísticas demográficas da população estudada, a fim de compreender a natureza e o tipo de pessoas com as quais os turistas interagem e sobre as quais têm influência. Estas caraterísticas demográficas incluem a idade dos inquiridos, as diferenças entre os sexos, o estado civil, a distribuição profissional e o nível de escolaridade das pessoas.

4.1.1Distribuição etária da população estudada

A faixa etária dos inquiridos foi considerada com o objetivo de compreender as idades das pessoas que participam em actividades turísticas na área de estudo. A Tabela 4.1 mostra que as pessoas na categoria etária de 36-45 anos têm o maior número de 323 inquiridos, representando 33% do total da amostra. Seguem-se as categorias etárias de 46-55 com 271 inquiridos representando 28%, 26-35 com 176 inquiridos representando 18%, 56-65 com 99 inquiridos representando 10% e 15-25 com 68 inquiridos representando 7%. A categoria etária mais baixa é a dos 66 anos ou mais, com 45 inquiridos, o que representa cinco por cento. No entanto, as categorias etárias de 16-25, 25-35 e 36-45 estão maioritariamente envolvidas em actividades turísticas na área e observou-se que a maioria dos chefes de família na área pertenciam a estas categorias etárias, enquanto os chefes de família com idades entre 46-55, 56-65 e 65 e acima estavam mais preocupados com questões culturais e consuetudinárias (Figuras 4 e 5).

QUADRO 4.1

Diferencial de idade dos inquiridos na área de estudo

Comunidade	15-25 Freq. (%)	26-35 Freq. (%)	36-45 Freq. (%)	46-55 Freq. (%)	56-65 Freq. (%)	66 e mais Freq. (%)	Total (Freq.)
Ugep							
Ikpakapi	10 (13)	23 (29)	20 (26)	18 (23)	2 (3)	5 (6)	78
BikoBiko	7 (9)	22 (28)	26 (33)	10 (13)	12 (15)	3 (4)	80
Ijiman	2 (2)	10 (8)	38 (37)	29 (28)	18 (17)	6 (6)	103
Ijom	4 (4)	6 (7)	37 (41)	32 (35)	9 (10)	3 (3)	91
Katabebe	-	2 (5)	18 (43)	12 (29)	8 (19)	2 (5)	42
Total	23 (6)	63 (16)	139 (35)	101 (26)	49 (12)	19 (5)	394
Obanliku							
Kegol	4 (18)	7 (31)	7 (31)	2 (9)	2 (9)	-	22
Okpazenge	3 (11)	7 (27)	8 (31)	3 (12)	2 (8)	3 (11)	26
Okwamu	4 (17)	5 (21)	7 (29)	3 (13)	3 (13)	2 (8)	24
Keji-Ukwu	3 (12)	6 (23)	8 (31)	3 (12)	4 (15)	2 (8)	26
Akpa Ajili	4 (18)	8 (36)	5 (23)	4 (18)	1 (5)	-	22
Anape	2 (8)	10 (42)	6 (25)	4 (17)	1 (4)	1 (4)	24
Total	20 (14)	43 (30)	41 (28)	19 (13)	13 (9)	8 (6)	144
Metrópole de Calabar							
Akim	4 (5)	12 (16)	24 (32)	20 (27)	10 (14)	4 (5)	74
Grande Quo	5 (7)	10 (14)	28 (38)	24 (32)	6 (8)	1 (1)	74
Ikot Enobong	4 (5)	12 (16)	20 (27)	31 (42)	5 (7)	2 (3)	74
Cidade de Henshaw	6 (8)	14 (19)	17 (23)	34 (46)	2 (3)	1 (1)	74
Ikot Ishie	2 (3)	10 (14)	26 (35)	22 (30)	8 (11)	6 (8)	74
Ekpo Abasi	4 (5)	12 (16)	28 (38)	20 (27)	6 (8)	4 (5)	74
Total	25 (6)	70 (16)	143 (32)	151 (34)	37 (8)	18 (4)	444
Total geral	68 (7)	176 (18)	323 (33)	271 (28)	99 (10)	45 (5)	982

Fonte: Trabalho de campo do autor, 2015

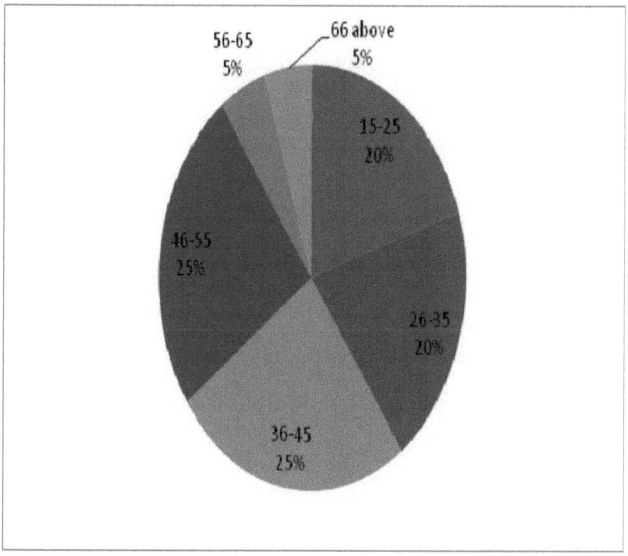

FIGURA 4: Idade dos inquiridos envolvidos em actividades turísticas na área de estudo

Fonte: Inquérito de campo do autor, 2015

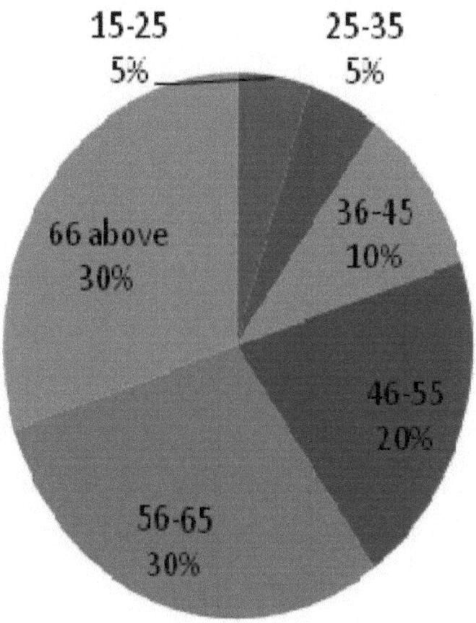

FIGURA 5: Idade dos inquiridos envolvidos em actividades socioculturais

Fonte: Inquérito de campo do autor, 2015

Esta é uma indicação clara de que a população do estudo era constituída por residentes idosos e conhecedores da área de estudo. Isto implica que a categoria etária empregue para este estudo é capaz de fornecer informações suficientes e relevantes sobre os valores socioculturais das pessoas.

O estudo também revelou que a idade tem uma barreira psicológica no sistema de valores das pessoas relativamente ao envolvimento em actividades turísticas (Figura 4). É claramente demonstrado que, à medida que as pessoas envelhecem, o seu interesse em participar em actividades relacionadas com o turismo diminui. O estudo mostra ainda que a maioria dos idosos da sociedade se envolve em actividades tradicionais na zona. A Figura 5 mostra que quanto mais velhas são as pessoas, maior é o seu interesse pelas actividades tradicionais e culturais essenciais da região.

4.1.2Estado civil dos inquiridos

Os valores socioculturais de qualquer área podem ser mais bem compreendidos quando as populações masculina e feminina são colocadas em foco. O estado civil dos inquiridos foi classificado em casado, solteiro e divorciado na área de estudo. As informações constantes do Quadro 4.2 mostram que 302 inquiridos, representando 31% da população total, eram solteiros, enquanto 500 inquiridos, representando 51%, eram casados e 180 inquiridos, representando 18% da população em estudo, eram divorciados. Isto mostra que os inquiridos do estudo eram constituídos por pessoas de todas as categorias da área de estudo. A implicação do estado civil dos inquiridos mostrou que não havia preconceitos na escolha ou seleção da população do estudo, uma vez que a população abrangia todas as categorias de pessoas da área de estudo. Isto dá-nos a oportunidade de verificar que o resultado desta investigação representa a verdadeira situação geral da área de estudo.

4.1.3Distribuição profissional na zona de estudo

Na maioria das sociedades rurais, há um reflexo dos valores socioculturais nas suas actividades produtivas que sustentam a subsistência das pessoas.

QUADRO 4.2

Estado civil dos inquiridos na zona

Comunidade	Individual (Freq.)	(%)	Casado (Freq.)	(%)	Divorciado(Freq.)	(%)	Total (Freq.)
Ugep							
Ikpakapi	37	48	33	42	8	10	78
BikoBiko	33	41	34	43	13	16	80
Ijiman	39	38	49	48	15	14	103
Ijom	32	35	46	50	13	15	91
Katabebe	14	33	23	55	5	12	42
Total	155	39	185	47	54	14	394
Obanliku							
Kegol	7	31	11	50	4	19	22
Okpazenge	8	31	16	62	2	7	26
Okwamu	8	33	12	50	4	17	24
Keji-Ukwu	10	38	13	50	3	12	26
Akpa Ajili	6	27	14	64	2	9	22
Anape	8	33	14	58	2	9	24
Total	47	33	80	56	17	11	144
Metrópole de Calabar							
Akim	15	20	37	50	22	30	74
Grande Quo	16	21	36	48	22	31	74
Ikot Enobong	19	26	40	54	15	20	74
Cidade de Henshaw	19	25	44	60	11	15	74
Ikot Ishie	16	22	41	55	17	23	74
Ekpo Abasi	15	20	37	50	22	30	74
Total	100	23	235	53	109	24	444
Total geral	302	31	500	51	180	18	982

Fonte: Inquérito de campo do autor, 2015

As informações constantes do Quadro 4.3 mostram que, de uma população total de 982 inquiridos, 259 inquiridos, representando 26%, estavam envolvidos em actividades agrícolas, 13 inquiridos, representando 1%, estavam envolvidos na caça, 276 inquiridos, representando 28%, estavam envolvidos em negócios, enquanto 234 inquiridos, representando 24%, estavam envolvidos em empregos na função pública (governo), 92 inquiridos, representando 9%, eram artesãos, 20 inquiridos, representando 2%, e 88 inquiridos, representando 9%, estavam envolvidos na pesca e em empregos na função pública (privada), respetivamente. Observou-se ainda que a maioria das pessoas estava a abandonar as suas ocupações tradicionais em prol da procura de empregos de "cola branca". É claramente visível que a população envolvida na função pública, no serviço público e nas empresas supera a população envolvida na agricultura, na pesca e na caça, conforme o caso. Isto mostra claramente que as pessoas estão mais envolvidas em empregos convencionais adoptados do que na sua ocupação tradicional e revela uma clara indicação de mudança no valor tradicional das pessoas em relação à sua ocupação.

4.1.4 Diferenças entre os sexos na zona de estudo

As populações masculina e feminina são a principal componente das actividades socioculturais de muitas sociedades. As informações constantes da Tabela 4.4 e da Figura 6 mostram que um total de 638 inquiridos do sexo masculino, representando 65%, e 344 inquiridos do sexo feminino, representando 35% da população total do estudo, foram amostrados no inquérito de campo do estudo. Percebeu-se que, apesar de a população de mulheres na área de estudo ser maior do que a de homens na área de estudo, a população de homens que eram chefes de família ainda superava a das suas contrapartes femininas, o que influenciou o resultado observado neste estudo, uma vez que o número de chefes de família do sexo masculino amostrados superou o do sexo feminino durante o inquérito de campo do estudo.

TABLE 4.3

Distribuição profissional dos inquiridos na área de estudo

Comunidade	Agricultura Freq. (%)	Caça Freq.(%)	Negócios Freq (%)	Funcionário público Freq.(%)	Artesão Freq. (%)	Pesca Freq. (%)	Funcionário público Freq. (%)	Total
Ugep								
Ikpakapi	38 (49)	2 (3)	12 (15)	12 (15)	4 (5)	-	10 (13)	78
BikoBiko	35 (44)	-	20 (25)	11 (14)	8 (10)	-	6 (8)	80
Ijiman	45 (44)	2 (2)	32 (31)	12 (12)	9 (9)	-	3 (3)	103
Ijom	20 (22)	-	42 (46)	16 (18)	7 (8)	-	6 (7)	91
Katabebe	11 (26)	-	12 (29)	10 (24)	5 (12)	-	4 (10)	42
Total	149 (38)	4 (1)	118 (30)	61 (15)	33 (8)	-	29 (7)	394
Obanliku								

Kegol	10 (45)	2 (9)	4 (18)	2 (9)	2 (9)	1 (5)	1 (5)	22
Okpazenge	8 (31)	1 (4)	6 (23)	2 (8)	4 (15)	-	5 (19)	26
Okwamu	9 (38)	1 (4)	5 (21)	1 (4)	3 (13)	1 (4)	4 (17)	24
Keji-Ukwu	12 (46)	-	4 (15)	2 (8)	4 (15)	-	4 (15)	26
Akpa Ajili	10 (45)	2 (9)	4 (19)	2 (9)	2 (9)	-	2 (9)	22
Anape	11 (46)	3 (13)	4 (17)	2 (8)	2 (8)	1 (4)	1 (4)	24
Total	60 (42)	9 (6)	27 (19)	11 (7)	17 (12)	3 (2)	17 (12)	144
Metrópole de Calabar								
Akim	8 (11)	-	22 (30)	24 (32)	6 (8)	2 (3)	12 (16)	74
Grande Quo	10 (14)	-	21 (28)	29 (39)	8 (11)	1 (1)	5 (7)	74
Ikot Enobong	12 (16)	-	20 (27)	31 (42)	4 (5)	2 (3)	5 (7)	74
Cidade de Henshaw	8 (110	-	18 (24)	30 (41)	8 (11)	6 (8)	4 (5)	74
Ikot Ishie	6 (8)	-	24 (32)	26 (35)	6 (8)	2 (3)	10 (14)	74
Ekpo Abasi	6 (8)	-	26 (35)	22 (30)	10 (14)	4 (5)	6 (8)	74
Total	50 (11)	-	131 (30)	162 (36)	42 (9)	17 (4)	42 (10)	444
Total geral	259 (26)	13 (1)	276 (28)	234 (24)	92 (9)	20 (2)	88 (9)	982

Fonte: Inquérito de campo do autor, 2015

TABLE 4.4

Diferencial de sexo da zona de estudo

Comunidades	Masculino (Freq.)	(%)	Feminino (Freq.)	(%)	Total (Freq.)
Ugep					
Ikpakapi	60	77	18	23	78
BikoBiko	55	69	25	31	80
Ijiman	76	74	27	26	103
Ijom	53	58	38	42	91
Katabebe	22	52	20	48	42
Total	266	68	128	32	394
Obanliku					
Kegol	16	73	6	27	22
Okpazenge	14	54	12	46	26
Okwamu	18	75	6	25	24
Keji-Ukwu	16	62	10	38	26
Akpa Ajili	14	64	8	36	22
Anape	16	67	8	33	24
Total	94	65	50	35	144
Metrópole de Calabar					
Akim	52	70	22	30	74
Grande Quo	45	61	29	39	74

Ikot Enobong	48	65	26	35	74
Cidade de Henshaw	40	54	34	46	74
Ikot Ishie	55	74	19	26	74
Ekpo Abasi	38	51	36	49	74
Total	278	63	166	37	444
Total geral	638	65	344	35	982

Fonte: Inquérito de campo do autor, 2015

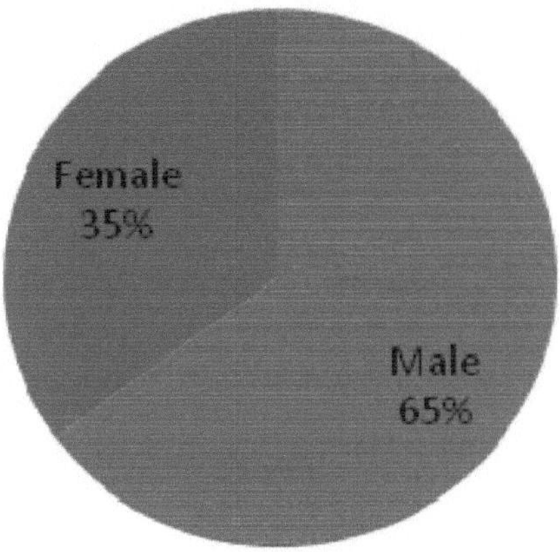

FIGURA 6: Diferencial de sexo dos inquiridos na área de estudo

Fonte: Inquérito de campo do autor, 2015

1.1.5Nível de escolaridade dos inquiridos

As caraterísticas educacionais de um povo influenciam o pensamento e o comportamento de um povo, afectando assim os seus estilos de vida socioculturais. A informação na Tabela 4.5 mostra que 90 inquiridos, representando nove por cento da população do estudo, estavam na categoria dos que nunca receberam qualquer educação formal (NFE); 335 inquiridos, representando 34 por cento, eram titulares do First School Leaving Certificate (FSLC), 400 inquiridos, representando 41 por cento, eram titulares do Secondary School Examination Certificate e seus equivalentes (SSCE, GCE, NECO), 118 inquiridos, representando 12 por cento, eram titulares de certificados OND, NCE, HND ou B. Sc.Sc.; e 30 e nove inquiridos, representando três por cento e um por cento, eram titulares de certificados de mestrado e doutoramento, respetivamente.

Observou-se ainda que os inquiridos que se enquadravam na categoria NFE e FSLC eram principalmente aqueles que estavam envolvidos em actividades tradicionais e culturais, enquanto os que se enquadravam na categoria SSCE, B.SC., M.Sc. e PhD estavam principalmente envolvidos em actividades turísticas na área de estudo. Isto implica que as pessoas, na sua maioria, não são instruídas e, tal como evidenciado na avaliação da investigação participativa, esta é uma das principais razões pelas quais a população local não interage livremente com os turistas'. Isto contribuiu fortemente para a sua incapacidade de desenvolver a capacidade mental para suportar ou medir os desafios previstos que acompanham o desenvolvimento do turismo através da interação com os visitantes.

1.1.6Local de origem da população estudada

Uma vez que o estudo envolveu os valores culturais das pessoas da área, o estudo examinou o número de inquiridos que eram indígenas da área para garantir que tinham os conhecimentos necessários sobre os valores culturais fundamentais da área. Os resultados da Tabela 4.6 e da Figura 7 mostram que um total de 846 inquiridos, representando 87% da população total do estudo, eram indígenas da área de estudo, enquanto 132 inquiridos, representando 13% da população total do estudo, eram não-indígenas.

TABLE 4.5

Nível de escolaridade dos inquiridos na área de estudo

Comunidades	NFE Freq. (%)	FSLC Freq. (%)	SSCE Freq. (%)	Licenciatura. Freq. (%)	Mestrado. Freq. (%)	Doutoramento Freq. (%)	Total (Freq.)
Ugep							
Ikpakapi	2 (3)	21 (27)	41 (53)	12 (15)	2 (3)	-	78
BikoBiko	5 (6)	29 (36)	32 (40)	10 (13)	4 (5)	-	80
Ijiman	3 (3)	21 (20)	53 (51)	18 (17)	6 (6)	2 (2)	103
Ijom	2 (2)	16 (18)	61 (67)	6 (7)	5 (5)	1 (1)	91
Katabebe	4 (10)	15 (36)	11 (26)	10 (24)	2 (5)	-	42
Total	16 (4)	102 (26)	198 (50)	56 (14)	19 (5)	3 (1)	394
Obanliku							
Kegol	6 (27)	8 (36)	6 (27)	2 (9)	-	-	22
Okpazenge	4 (16)	10 (38)	10 (38)	2 (8)	-	-	26

Okwamu	3 (13)	12 (50)	8 (33)	1 (4)	-	-	24
Keji-Ukwu	4 (15)	16 (62)	5 (19)	1 (4)	-	-	26
Akpa Ajili	6 (27)	10 (46)	6 (27)	-	-	-	22
Anape	2 (8)	16(67)	6 (25)	-	-	-	24
Total	25 (17)	72 (50)	41 (28)	6 (4)	-	-	144
Metrópole de Calabar							
Akim	4 (5)	24 (32)	32 (43)	11 (15)	2 (3)	1 (1)	74
Grande Quo	6 (8)	30 (41)	30 (41)	6 (8)	2 (3)	-	74
Ikot Enobong	8 (11)	25 (34)	28 (38)	9 (12)	3 (4)	1 (1)	74
Cidade de Henshaw	10 (14)	31 (42)	19 (26)	10 (14)	2 (3)	2 (3)	74
Ikot Ishie	12 (16)	26 (35)	28 (38)	8 (11)	-	-	74
Ekpo Abasi	9 (12)	25 (34)	24 (32)	12 (16)	2 (3)	2 (3)	74
Total	49 (11)	161 (36)	161 (36)	56 (13)	11 (2)	6 (1)	444
Total geral	90 (9)	335 (34)	400 (41)	118 (12)	30 (3)	9 (1)	982

Fonte: Inquérito de campo do autor, 2015

TABLE 4.6

Indígenas e não indígenas inquiridos na área de estudo

	Indígenas		Não-indígenas		Total
Área de estudo	(Freq.)	(%)	(Freq.)	(%)	(Freq.)
Obanliku	136	94	12	6	148
Ugep	380	96	14	4	394
Calabar	330	75	110	25	440
Total	846	87	132	13	982

Fonte: Inquérito do autor no terreno, 2015

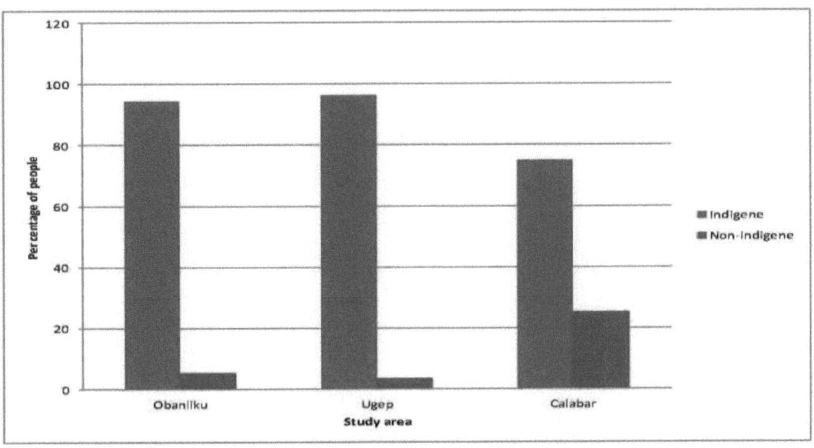

FIGURA 7: Indígenas e não indígenas inquiridos na área de estudo

Fonte: Inquérito do autor no terreno, 2015

Isto significa que o estudo entrou em contacto com mais indígenas da zona, uma vez que estava a lidar com questões culturais e também precisava de quem compreendesse a história e a cultura da comunidade.

4.1.7 Duração da residência nas comunidades em estudo

O estudo examinou a duração da residência no local de estudo para determinar o seu nível de experiência e conhecimento dos valores fundamentais da área. As informações constantes do Quadro 4.7 mostram que 114 inquiridos, representando 38% do total de inquiridos em Obanliku, passaram até 11-15 anos na área de estudo, enquanto 97 inquiridos, representando 22% do total de inquiridos em Ugep, passaram até 11-15 anos na área de estudo e 121 inquiridos, representando 35% dos inquiridos na metrópole de Calabar, passaram até 6-10 anos na área de estudo. A tabela mostra também que 13 inquiridos, representando 4% dos inquiridos em Obanliku, passaram 16-20 anos na área de estudo, 22 inquiridos, representando 7% dos inquiridos em Ugep, e 16 inquiridos, representando 5% do total de inquiridos, passaram 16-20 anos na área de estudo. Isto mostra até que ponto as pessoas têm conhecimentos e experiência da cultura e das actividades na área de estudo.

4.2 Chegadas de turistas e sua origem

O estudo examinou o número de chegadas de turistas à área de estudo e a sua origem. Os hotéis das áreas de estudo foram investigados e os seus registos analisados para determinar o número de turistas que visitaram a área e os seus países de origem (Quadros 4.8 a 4.11). Os resultados da Tabela 4.8 mostram que um total de 7 584 turistas chegaram a Obanliku entre 2003 e 2013, enquanto a Tabela 4.9 mostra que um total de 5 635 turistas visitaram Ugep entre 2003 e

2013 e a Tabela 4.10 mostra que 14.107 turistas visitaram a metrópole de Calabar entre 2003 e 2013, perfazendo um total de visitas de turistas na área de estudo, como mostra a Tabela 4.11, no valor de 27.326 no período em análise, entre 2003 e 2013.

TABLE 4.7

Duração da estadia dos residentes na zona de estudo

Duração	Obanliku (Freq.)	(%)	Ugep (Freq.)	(%)	Calabar (Freq.)	(%)	Total (Freq.)
1-5 anos	21	7	43	13	25	7	89
6-10 anos	43	14	74	22	121	35	238
11-15 anos	114	38	97	29	109	31	320
16-20 anos	13	4	32	10	16	5	61
21-25 anos	29	10	32	10	20	6	81
26-30 anos	54	18	32	10	35	10	121
Outros	28	9	22	7	22	6	72
Total	302	31	332	34	348	35	982

Fonte: Inquérito de campo do autor, 2015

TABLE 4.8

Chegadas de turistas à área da administração local de Obanliku (zona de Obudu Ranch)

Mês/Ano	2003 (F)	2004 (F)	2005 (F)	2006 (F)	2007 (F)	2008 (F)	2009 (F)	2010 (F)	2011 (F)	2012 (F)	2013 (F)	Total (F)	(%)
janeiro	91	96	87	52	72	120	98	121	84	91	66	978	13
fevereiro	52	54	991	41	61	56	85	51	61	62	46	660	9
março	31	41	66	32	46	32	79	29	47	43	29	475	6
abril	47	29	52	72	32	69	116	56	66	55	61	655	9
maio	28	38	41	42	22	32	71	31	35	29	44	413	5
junho	32	44	69	22	26	21	65	22	27	31	28	387	5
julho	22	52	55	28	18	27	64	16	30	44	39	395	5
agosto	36	36	32	19	32	43	172	47	18	36	66	537	7
setembro	40	39	71	29	27	39	158	101	117	102	157	880	12
outubro	28	22	50	44	38	44	117	62	42	70	92	609	8
novembro	66	49	58	57	56	59	881	48	32	63	81	650	9
dezembro	92	108	91	78	64	89	97	83	72	88	90	945	12
Total	565	608	763	516	494	631	1203	667	631	707	799	7584	100
%(Total)	7	8	10	7	7	8	16	9	8	9	11	100	0

Fonte: Inquérito de campo do autor, 2015

TABLE 4.9

Chegadas de turistas à área da administração local de Yakuur (Ugep)

Mês/Ano	2003 (F)	2004 (F)	2005 (F)	2006 (F)	2007 (F)	2008 (F)	2009 (F)	2010 (F)	2011 (F)	2012 (F)	2013 (F)	Total (F)	Total (%)
janeiro	23	18	32	41	34	33	34	31	34	32	38	350	6

fevereiro	16	24	19	39	31	22	32	29	43	35	44	334	6
março	18	32	28	25	30	24	27	35	48	34	49	350	6
abril	24	44	39	29	31	29	39	39	32	38	38	382	7
maio	18	22	30	22	28	33	22	32	32	29	44	312	6
junho	22	25	33	31	35	42	34	30	30	38	49	369	7
julho	30	29	41	43	21	31	52	24	33	31	47	382	7
agosto	69	64	73	66	53	69	79	59	79	94	134	839	15
setembro	38	31	71	52	74	52	81	63	66	81	101	710	13
outubro	18	22	26	33	500	32	48	48	49	50	59	435	8
novembro	29	19	29	41	29	36	51	38	43	57	72	444	8
dezembro	49	46	49	55	41	68	79	82	66	95	98	728	13
Total	354	376	470	477	457	471	578	510	555	614	773	5635	100
Total (%)	6	7	8	8	8	8	10	9	10	11	14	100	0

Fonte: Inquérito de campo do autor, 2015

QUADRO 4.10

Chegadas de turistas à metrópole de Calabar (2003-2013)

Mês/Ano	2003	2004	2005	2006	2007	2008	2009	2010	2011	2012	2013	Total	
	(F)	(F)	(F)	(F)	(F)	(F)	(F)	(F)	(F)	(F)	(F)	(F)	(%)
janeiro	201	198	176	101	121	136	145	182	119	197	111	1687	12
fevereiro	133	92	98	92	101	111	125	161	103	162	90	1268	9
março	109	81	74	84	92	97	115	98	100	92	81	1023	7
abril	113	92	86	64	84	81	92	94	97	70	74	947	7
maio	98	74	91	69	73	88	84	104	90	102	56	929	7
junho	112	66	95	55	71	92	64	91	72	114	91	923	7
julho	91	56	76	48	78	90	75	82	88	160	94	938	7
agosto	74	52	71	74	59	89	93	64	94	132	121	923	7
setembro	77	64	77	98	66	116	101	55	108	91	106	959	7
outubro	81	92	82	101	70	112	98	89	121	74	94	1014	7
novembro	97	111	91	109	84	131	121	108	146	99	152	1249	9
dezembro	212	184	191	168	174	202	257	189	221	198	251	2247	16
Total	1398	1162	1208	1063	1073	1345	1370	1317	1359	1491	1321	14107	0
Total (%)	10	8	9	8	8	10	10	9	10	11	9	100	

Fonte: Inquérito de campo do autor, 2015

QUADRO 4.11

Chegada total de turistas à zona de estudo (2003-2013)

Mês/	2003	2004	2005	2006	2007	2008	2009	2010	2011	2012	2013	Total	Total
Ano	(F)	(F)	(F)	(F)	(F)	(F)	(F)	(F)	(F)	(F)	(F)	(F)	(%)
janeiro	315	312	295	194	227	289	277	334	237	320	215	3015	11
fevereiro	201	170	208	172	193	189	242	241	207	259	180	2262	8

março	158	154	168	141	168	153	221	162	195	169	159	1848	7
abril	204	165	177	165	147	179	247	189	195	163	173	1984	7
maio	144	134	162	133	123	153	177	167	157	160	144	1654	6
junho	166	135	197	108	132	155	163	143	129	183	168	1679	6
julho	143	137	172	119	117	147	191	122	151	235	180	1715	6
agosto	179	152	176	159	144	201	344	170	191	262	321	2299	8
Set.	165	134	219	179	167	207	340	219	291	274	364	2549	9
outubro	127	136	158	178	158	188	263	199	212	194	245	2058	8
Nov.	192	179	178	207	169	226	253	194	221	219	305	2343	9
Dez.	353	338	331	301	279	334	433	354	359	374	439	3920	14
Total	2317	2146	2441	2056	2024	2447	3151	2447	2545	2812	2893	27326	100
(%)	8	8	9	8	7	9	12	9	9	10	11	100	0

Fonte: Inquérito de campo do autor, 2015

Este número de visitas de turistas mostra ainda que os turistas visitam efetivamente a área num número capaz de influenciar ou ter um efeito significativo na comunidade anfitriã. O resultado da Figura 8 também revelou que o número de turistas que visitam a região é maior nos meses de janeiro, março, abril, setembro e dezembro, com base na organização e realização de eventos que são mais frequentes durante estes períodos do ano.

Além disso, a informação na Tabela 4.8 mostra que mais turistas visitaram a área em janeiro, setembro e dezembro, com 13%, 12% e 12%, respetivamente, enquanto os meses de maio, junho e julho registaram o menor número de chegadas, com 5% cada. Os resultados da avaliação da investigação participativa informaram que a razão para esta variação no número de turistas que visitam a zona se deve ao facto de haver mais eventos organizados e acolhidos na zona nesta altura Figura 9. Também foi revelado que mais turistas visitaram a área em 2009, 2013 e 2005, com 16%, 11% e 10%, respetivamente, enquanto 2003, 2006 e 2007 registaram o menor número de visitas de turistas, com 7% cada. O resultado na figura 8 também revelou que mais turistas visitaram nos meses de janeiro, março, abril, setembro e dezembro com base na organização e acolhimento de eventos que foram mais durante estes períodos do ano.

O estudo observou que a chegada de turistas ao destino aumentou a viabilidade da zona. Os dados do Quadro 4.9 também mostram que os meses de agosto, setembro e dezembro registaram mais visitas de turistas à zona, com 15%, 13% e 13% respetivamente, enquanto os meses de janeiro, fevereiro, março e maio registaram menos visitas de turistas, com 6% cada. Isto foi evidenciado a partir da avaliação da investigação participativa efectuada durante o estudo, como sendo causado pela taxa de eventos na altura (Figura 10). Mostrou ainda que na (Figura 11) que mais turistas visitaram em 2013, 2012 e 2010 com 14 por cento, 11 por cento e 10 por cento do total de visitas, respetivamente. O estudo também revelou que, ao longo dos meses, mais turistas visitaram a área de destino durante os períodos de eventos de agosto, setembro e dezembro.

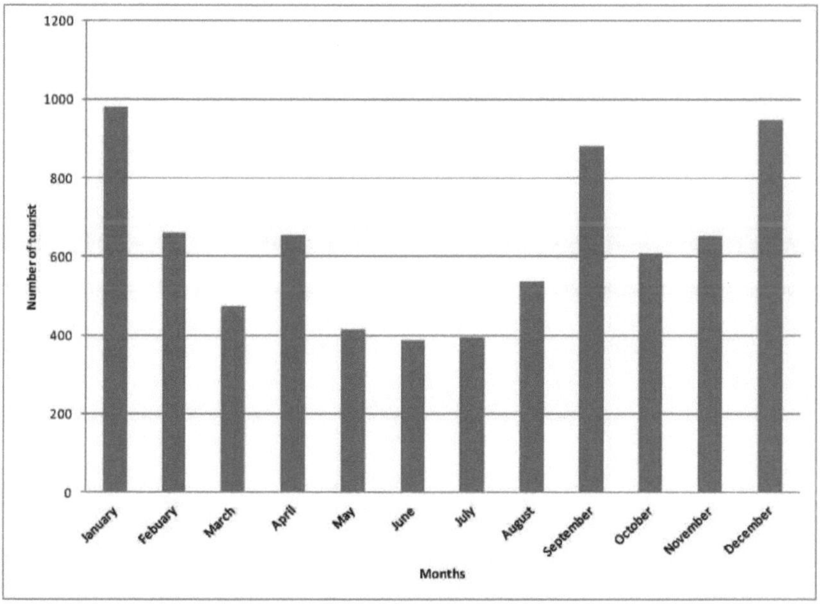

FIGURA 8: Média mensal de chegadas de turistas na área de Obudu Ranch entre os meses de 2003 e 2013

Fonte: Inquérito de campo do autor, 2015

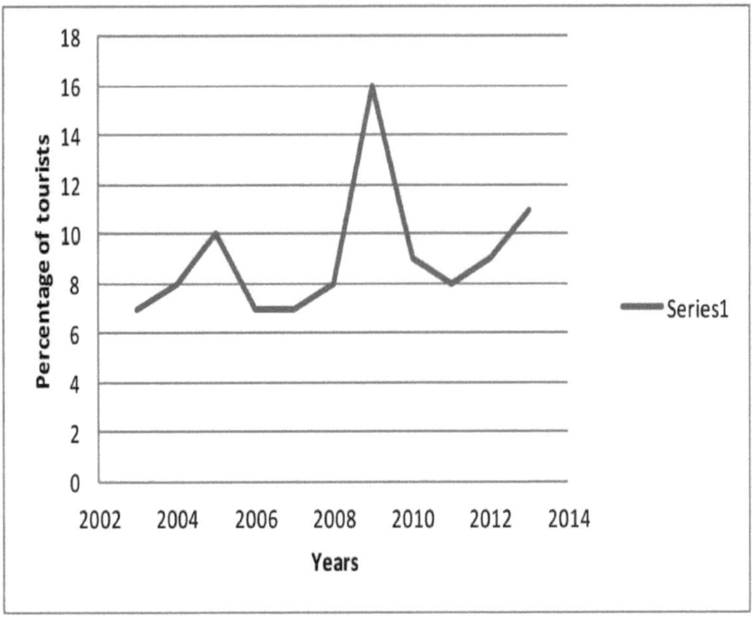

FIGURA 9: Média de chegadas de turistas na área de Obudu Ranch entre 2003 -2013

Fonte: Inquérito de campo do autor, 2015

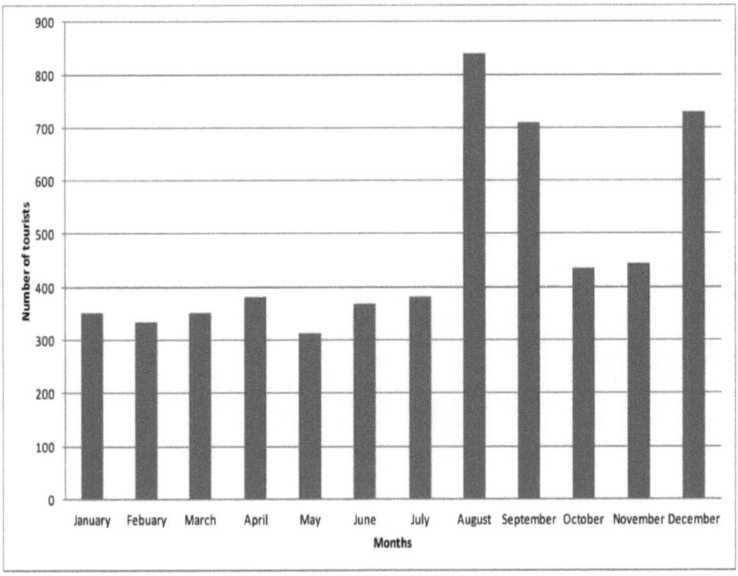

FIGURA 10: Chegadas mensais de turistas nos meses de 2003 e 2013 no Ugep

Fonte: Inquérito de campo do autor, 2015

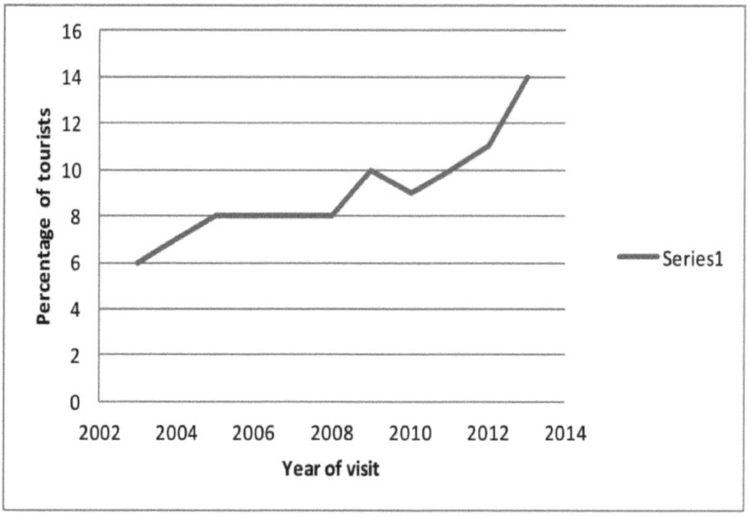

FIGURA 11: Chegadas anuais de turistas ao Ugep, entre 2003 e 2013

Fonte: Inquérito de campo do autor, 2015

O estudo examinou o volume de chegadas de turistas ao destino, uma vez que este tem uma influência correspondente no estilo de vida das pessoas. As informações constantes do Quadro 4.10 mostram que mais turistas visitaram a metrópole de Calabar nos meses de dezembro e janeiro, com 16% e 12% do total de visitas à zona, respetivamente (Figura 12). Também mostrou que mais turistas visitaram a área em 2013 com 115 do total de visitas, enquanto o menor número de visitas foi registado em 2004, 2006 e 2007 com oito por cento cada (Figura 13). Isto implica que mais turistas visitaram a área durante os períodos de eventos e que este período registou maiores impactos nos valores socioculturais das pessoas com base no grau ou nível de interação que teve lugar durante este período.

A informação no Quadro 4.11 mostra que dezembro e janeiro registaram o maior número global de visitas de turistas nos três locais de estudo de Obanliku, Ugep e metrópole de Calabar, com 14% e 11% respetivamente. Os resultados da avaliação da investigação participativa indicam que este facto se deve ao número de turistas que visitaram a zona durante os meses de maior afluência (Figura 14).

Foi também revelado que mais turistas visitaram o local em 2009 e 2013, com 12% e 11% de visitas de turistas, respetivamente, enquanto 2007 registou o ano com menos visitas de turistas, com 7% de visitas de turistas (Figura 15). O estudo observou ainda que o maior número de visitas foi registado em 2009, quando a zona acolheu eventos internacionais como o concurso mundial de beleza, competições desportivas e o festival de carnaval.

4.2.1 Análise estatística das chegadas de turistas entre 2003 e 2013

O estudo analisou as chegadas de turistas nas zonas senatoriais do Estado e formulou hipóteses para serem testadas utilizando os dados dos Quadros 4.8, 4.9 e 4.10.

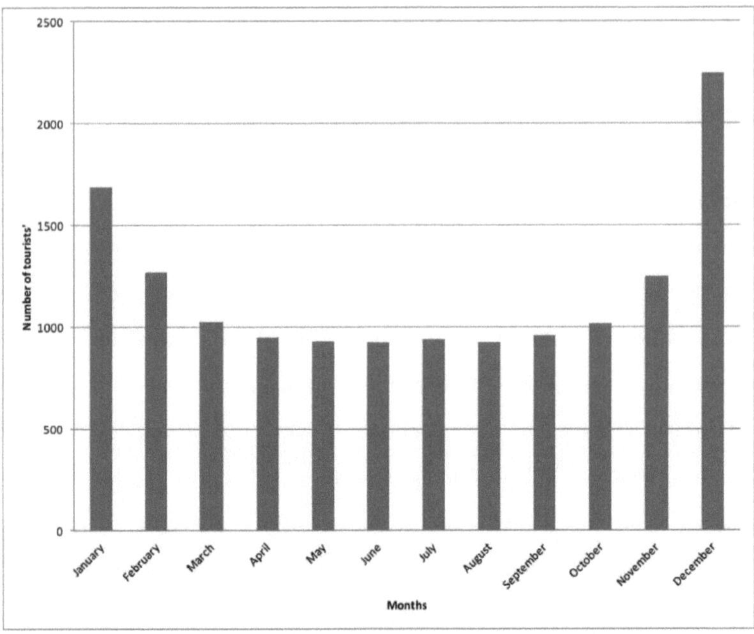

FIGURA 12: Média mensal de chegadas de turistas à metrópole de Calabar entre 2003 e 2013

Fonte: Inquérito de campo do autor, 2015

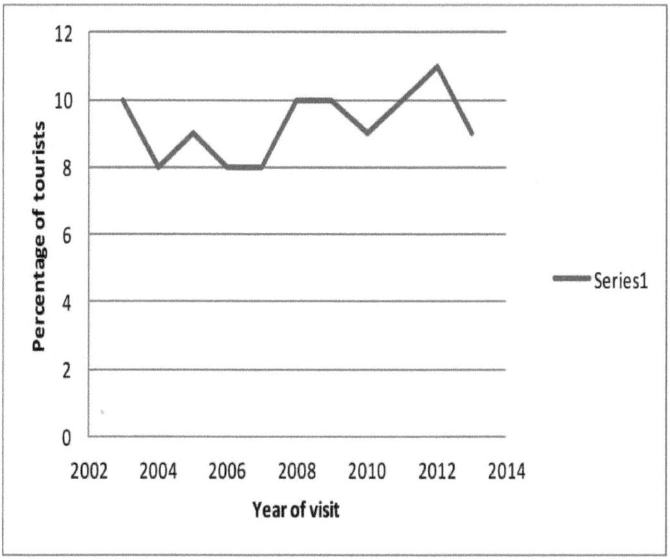

FIGURA 13: Chegadas anuais de turistas à metrópole de Calabar entre 2003 e 2013

Fonte: Inquérito de campo do autor, 2015

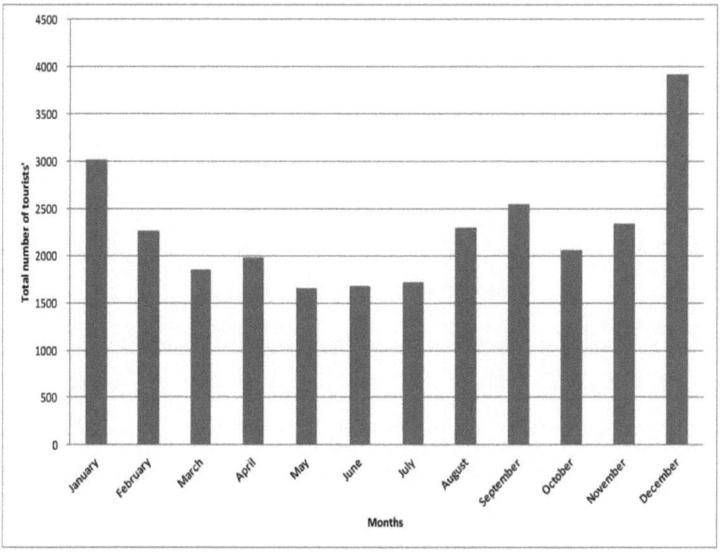

FIGURA 14: Chegadas mensais agregadas entre 2003 e 2013 na área de estudo

Fonte: Inquérito de campo do autor, 2015.

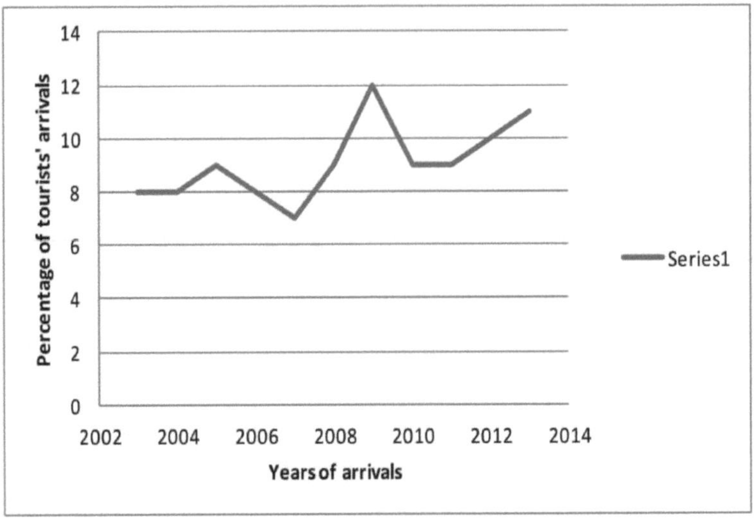

FIGURA 15: Média anual de chegadas de turistas ao longo dos anos (2003 e 2013) na área de estudo

Fonte: Inquérito de campo do autor, 2015

i) Hipótese um

Ho: Não há variação significativa nas chegadas anuais de turistas entre 2003 e 2013 na área de estudo

Olá: Existe uma variação significativa nas chegadas anuais de turistas entre 2003 e 2013 na área de estudo

Esta hipótese foi testada através da Análise de Variância (ANOVA) de uma via. Isto deve-se ao facto de o investigador ter tentado comparar duas ou mais variáveis do número de chegadas de turistas, os anos de chegadas e a relação dentro do mês. O resultado da Tabela 4.12 revela que o valor F calculado de 76,254 é superior ao valor F crítico de 2,84 ao nível de significância de 0,05. Com este resultado, a hipótese nula é rejeitada; isto significa, portanto, que existiu uma variação significativa no número de turistas que visitaram os diferentes locais utilizados no estudo.

Isto pode ser evidenciado a partir das informações das Tabelas 4.8 a 4.11, onde se observa claramente que as visitas turísticas à área foram premeditadas pela disponibilidade de eventos dentro do tempo.

Além disso, para o rácio F significativo, foi efectuada uma análise post hoc utilizando o teste de comparação múltipla Fishers Least Significant Difference (LSD). O resultado da análise é apresentado no Quadro 4.13.

O resultado apresentado na Tabela 4.12 mostra a variação do número de turistas de acordo com os diferentes locais utilizados no estudo. O resultado revelou que o número de turistas que visitaram Calabar foi significativamente mais elevado do que o número de turistas que visitaram Obanliku (t=-8,25) e Ugep (t=- 14,17). Do mesmo modo, o número de turistas que visitaram Obanliku foi significativamente superior ao de Ugep.

QUADRO 4.12

Análise de variância unidirecional da variação do número de turistas nos locais da área de estudo

	N	Média	Desvio Std. Desvio	Erro Std.
Obanliku	11	689.4545	194.72974	58.71323
Ugep	11	512.2727	116.57109	35.14750
Calabar	11	1282.4545	137.49208	41.45542
Total	33	828.0606	365.87258	63.69024

	Soma de quadrados	Df	Quadrado médio	F	Sig.
Entre grupos	3579482.242	2	1789741.121	76.254	.000
Dentro dos grupos	704125.636	30	23470.855		
Total	4283607.879	32			

Fonte: Análise de dados do autor, 2015

QUADRO 4.13

Análise de comparação múltipla das chegadas às localidades de estudo por diferença mínima de significância (LSD) de Fisher

	N	Obanliku	Ugep	Calabar
Obanliku	11	689.45[a]	177.1818 [b]	-593 [b]
	11			
Ugep	11	2.59* [c]	512.27 [a]	-770.182 [b]
Calabar		-8.25 *[c]	-14.17 *[c]	1282.45 [a]

RSU=23470.855

Fonte: Análise de dados do autor, 2015

a = As médias dos grupos são colocadas ao longo da diagonal

b = A diferença entre as médias dos grupos é colocada acima da diagonal

c = Os valores t de Fisher são colocados abaixo da diagonal

* = Significância ao nível de 0,05 (t crítico=1,96).

Este resultado significa que os turistas visitaram Calabar mais do que Obanliku e Ugep, e que os visitantes também visitaram Obanliku mais do que Ugep. A razão para este comportamento pode ser atribuída ao número e à viabilidade de eventos organizados ou realizados no local durante o período em análise. Isto prova que o volume e o número de visitas de turistas a um destino estão sujeitos ao número e à magnitude dos eventos organizados ou acolhidos na zona.

4.2.2 Origem da visita dos turistas à zona de estudo (2003-2013)

O estudo também investigou a origem dos turistas que visitaram o local de estudo. Os dados da Tabela 4.14 mostram que um total de 12 164 turistas visitaram a área de estudo vindos de outros Estados da Nigéria, 4 028 turistas visitaram a área de estudo vindos de outros países africanos e 503 turistas visitaram a área de estudo vindos da Austrália. Isto mostra que mais turistas nacionais visitaram o local de estudo do que turistas internacionais.

A Figura 16 ilustra ainda que 45% do total de visitas teve origem na Nigéria, 15% das visitas vieram de outros países africanos e 7% dos turistas vieram da América do Sul e da Ásia, 3% das Caraíbas e 2% da Austrália, respetivamente. Verificou-se também que 2009 e 2013 registaram o maior número de visitas de turistas à região (Figura 17).

4.3 Determinantes da escolha da zona de destino pelos turistas

Esta secção apresenta as razões da escolha da zona de destino sociocultural pelos turistas e a análise estatística dos factores determinantes da visita dos turistas a essa zona.

4.3.1 Objetivo das visitas dos turistas e duração da estadia na área de estudo

Foram identificadas várias razões para a escolha da área de destino pelos turistas. Estas razões incluem visitas a familiares e amigos, cerimónias de casamento, férias, negócios, carnaval de Natal, festivais de inhame novo, entre outros (Quadro 4.15).

QUADRO 4.14

Origem dos turistas que visitaram a área de estudo entre 2003 e 2013

Origem	2003 (F)	2004 (F)	2005 (F)	2006 (F)	2007 (F)	2008 (F)	2009 (F)	2010 (F)	2011 (F)	2012 (F)	2013 (F)	Total (F)	(%)
Nigéria	1020	990	970	892	912	1072	1341	973	1252	1129	1613	12164	45
África	486	268	451	396	281	394	281	391	401	388	291	4028	15
N. América do Norte	310	410	302	184	201	312	345	282	388	367	302	3403	12
Europa	195	107	311	168	194	254	312	299	181	302	181	2504	9
Ásia	149	111	206	117	106	115	393	172	98	212	197	1876	7
Caraíbas	59	90	51	68	81	60	143	135	45	94	87	913	3
Austrália	32	41	22	42	40	55	69	94	30	52	53	530	2
S. América	66	129	128	189	209	185	267	148	150	268	169	1908	7
Total	2317	2146	2411	2056	2021	2417	3151	2491	2515	2812	2893	27326	100
(%)	8	8	9	8	7	9	12	9	9	10	11	100	

Fonte: Inquérito de campo do autor, 2015

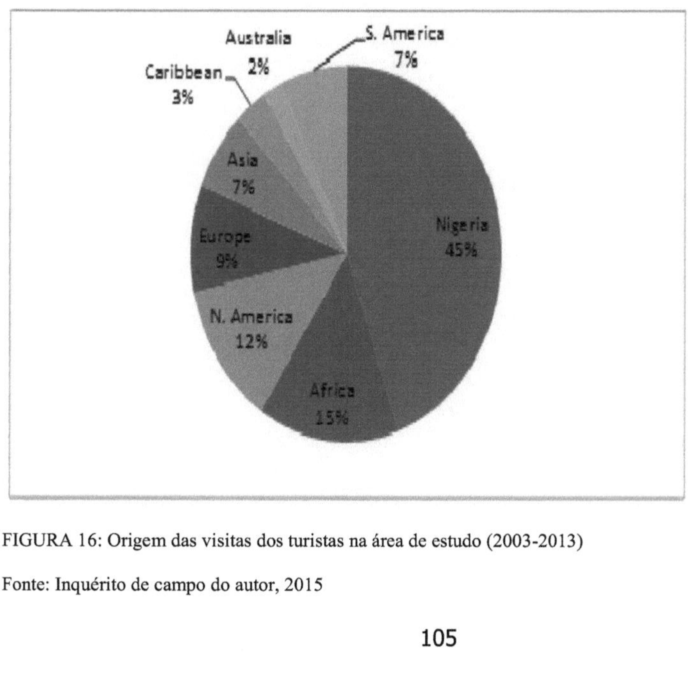

FIGURA 16: Origem das visitas dos turistas na área de estudo (2003-2013)

Fonte: Inquérito de campo do autor, 2015

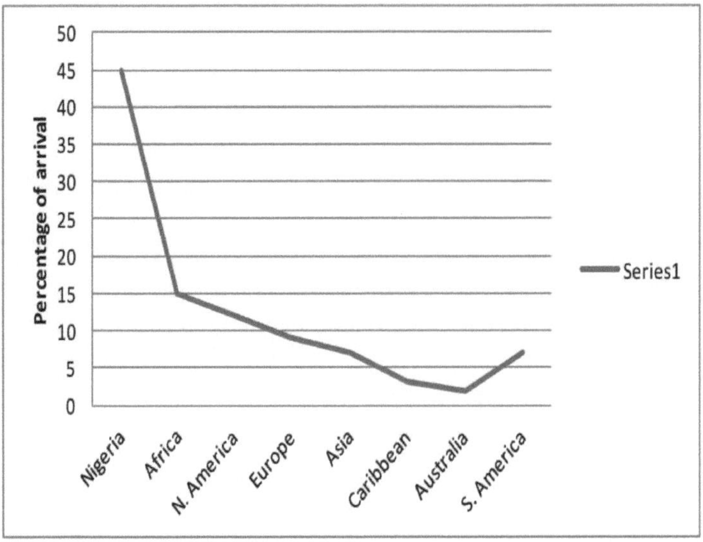

FIGURA 17: Evolução da origem das visitas dos turistas à zona de estudo (2003-2013)

Fonte: Inquérito de campo do autor, 2015

QUADRO 4.15

Objetivo da visita de turistas à área de estudo de 2003 a 2013

Objectivos De visitas	2003 (F)	2004 (F)	2005 (F)	2006 (F)	2007 (F)	2008 (F)	2009 (F)	2010 (F)	2011 (F)	2012 (F)	2013 (F)	Total (F)	(%)
Visitas Amigos e Família	188	216	224	219	177	259	285	245	218	251	251	2533	9
Natal Carnaval	727	638	614	506	434	774	844	721	758	877	747	7640	28
Casamento	137	177	181	177	157	181	202	189	156	175	193	1925	7
Férias	489	548	770	477	580	523	919	520	599	610	791	6826	25
Seminário/ Conferência	146	123	102	159	120	105	209	149	185	189	207	1694	6
Negócios	52	72	54	48	56	80	68	84	79	73	76	742	3
Académico	156	68	102	135	151	137	140	153	165	211	171	1589	6
Desporto	248	122	158	129	121	180	254	226	207	189	195	2029	7
Novo inhame festival	174	182	236	206	228	208	230	207	178	237	262	2348	9
Total	2317	2146	2441	2056	2024	2447	3151	2494	2545	2812	2893	27326	100
(%)	8	8	9	8	7	9	12	9	9	10	11	100	

Fonte: Inquérito de campo do autor, 2015

Os resultados da Tabela 4.15 e da Figura 18 mostram que um total de 27 326 turistas visitou a zona entre 2003 e 2013 e, entre este número, 7 640 turistas, representando 28% dos turistas, visitaram a zona para assistir ao festival de Natal. Seguiram-se as visitas de férias, com 25%, enquanto alguns turistas, representando 3%, visitaram a zona por motivos profissionais. O estudo observou ainda que a elevada população de turistas que visitou a zona durante o Carnaval de Natal foi atribuída ao nível de publicidade e à singularidade do evento. As férias, que também atraem turistas, são um fenómeno recente devido ao desenvolvimento de sítios de ecoturismo e de outras atracções nas zonas de destino.

Além disso, o estudo também considerou a tendência da visita dos turistas ao longo dos anos (2003-2013). Na Figura 19, os resultados revelaram que o maior número de turistas na área de destino foi recebido em 2009, atraindo 12% da população de turistas. Seguiram-se as visitas registadas em 2013, com 11%, enquanto o menor número de turistas durante o período foi registado em 2003, 2004 e 2006, com 8%, respetivamente. O estudo descobriu ainda que os anos que registaram o maior número de visitas foram atribuídos ao número de eventos organizados no destino, enquanto os anos que registaram o menor número de turistas se deveram à escassez de eventos no período.

Também na Figura 20, o resultado do estudo apresentou a duração da estadia dos turistas da Nigéria e de fora da Nigéria. Os resultados revelaram que 25% dos turistas que visitaram a área de estudo permaneceram 1-5 dias na área de estudo, 22% dos turistas visitantes permaneceram 11-15 dias, enquanto 7% e 5% dos turistas permaneceram 26-30 dias e 30 dias ou mais no local de estudo. Isto mostra que a maioria dos visitantes e turistas teve tempo suficiente para passar na área de estudo, o que influenciar positiva ou negativamente os membros da comunidade de acolhimento com o seu próprio modo de vida.

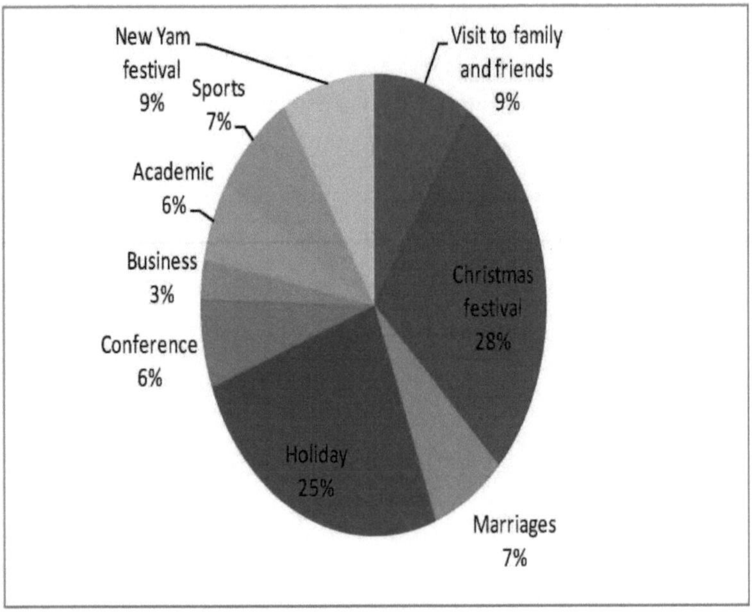

FIGURA 18: Objetivo das visitas dos turistas à área de estudo

Fonte: Inquérito de campo do autor, 2015

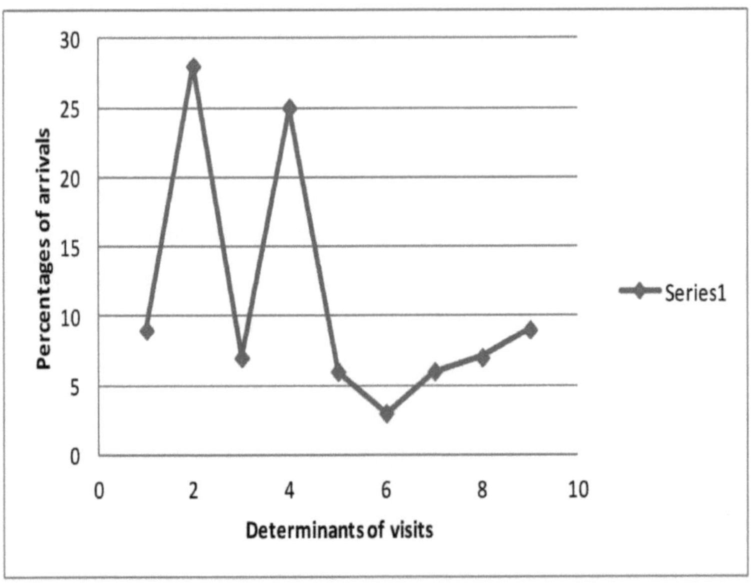

FIGURA 19: Evolução do objetivo das visitas dos turistas à zona (2003-2013)

Fonte: Inquérito de campo do autor, 2015

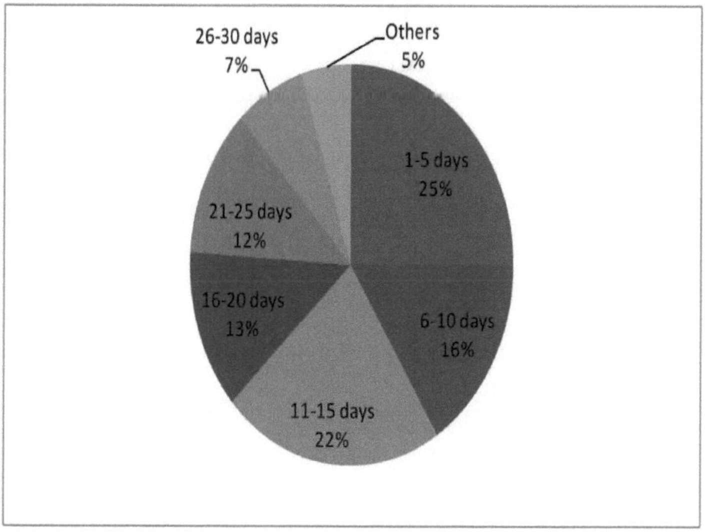

FIGURA 20: Duração da estadia dos turistas na zona de estudo

Fonte: Inquérito de campo do autor, 2015

No entanto, descobriu-se que um pequeno número de turistas (5%) permaneceu durante mais tempo, entre 26 e 30 dias, do que os outros. Este facto foi atribuído ao nível de riqueza e viabilidade financeira para sustentar a sua estadia.

4.3.2 Análise do objetivo da escolha da zona de destino pelos turistas (2003-2013)

O estudo considerou o objetivo da visita dos turistas à área de destino e formulou hipóteses para teste utilizando os dados da Tabela 4.16.

i) Hipótese dois

Ho: Os objectivos da visita dos turistas à área de destino não variam significativamente ao longo dos anos.

Olá: Os objectivos da visita dos turistas à zona de destino variam significativamente ao longo dos anos.

Esta hipótese foi testada através da Análise de Variância (ANOVA) de uma via. Esta estatística foi utilizada porque o estudo comparou mais de duas variáveis para estabelecer a variação conforme postulado na hipótese. O resultado na Tabela 4.13a revelou que o valor F calculado de 105,131 era superior ao valor F crítico de 2,84 ao nível de significância de 0,05. Com este resultado, a hipótese nula foi rejeitada; isto significa, portanto, que existia uma variação significativa no número de turistas que visitaram a zona com base no objetivo da sua visita. Isto é claramente evidenciado nos dados descritivos da Tabela 4.16, onde se observou que os turistas visitaram o destino por várias razões diferentes, que eram relativas aos turistas individuais que visitaram a zona.

4.4 Meio de sensibilização dos turistas para as actividades do destino

Existem vários meios de publicidade e marketing da atração turística da área de destino. A Tabela 4.17 e a Figura 21 mostram que, dos 3.348 turistas que visitaram a área de estudo para assistir a novos festivais de inhame, 1.543, representando 46%, tiveram como fonte de informação sobre o evento a recomendação de amigos.

TABLE 4.16

Análise de variância unidirecional do objetivo da escolha do destino pelos turistas ao longo dos anos

	N	Média	Desvio Std. Desvio
Visitar amigos e familiares	11	230.2727	31.68
Natal/Carnaval	11	694.5455	135.49
Casamento	11	175.0000	18.59
Férias	11	620.5455	143.34
Seminários/Conferências	11	154.0000	39.18
Negócios	11	67.4545	12.72
Académico	11	144.4545	36.90
Desporto	11	184.4545	47.91
Festival do Inhame Novo	11	213.4545	27.99
Total	99	276.0202	221.30
Soma de quadrados	df	Quadrado médio F	Sig.
Entre grupos 4335713.414	8	541964.177	105.131 .000
Dentro dos grupos 463960.545	90	5155.117	
Total 4799673.960	98		

Fonte: Análise de dados do autor, 2015

TABLE 4.17

Actividades do destino e meio de sensibilização dos turistas

Actividades	Int. (F)	%	Sem. (F)	%	Soc. (F)	%	Eleger. (F)	%	Imprimir (F)	%	Amigo (F)	%	Total (F)	%
Festa do inhame novo	280	8	58	2	187	6	860	26	420	13	1543	46	3348	9
Festa de Natal	890	12	332	4	520	7	3400	45	680	9	1818	24	7640	20
Casamento tradicional	220	6	0	0	322	8	482	12	52	1	2849	73	3925	10
Peregrinação	124	7	89	5	196	11	212	12	45	3	1076	62	1742	4
Cerimónia de chefia	0	0	0	0	329	9	582	16	236	7	2442	68	3589	9
Sítio natural	520	18	223	8	376	13	352	12	272	9	1209	41	2952	8
Festival de máscaras	24	0	14	0	121	2	236	5	126	3	4481	90	5002	13
Eventos desportivos	210	7	12	0	372	12	520	17	481	16	1434	47	3029	8
Outros	170	2	71	1	461	6	389	5	236	3	6206	82	7533	19
Total	2438	6	799	2	2884	7	7033	18	2548	7	23058	59	38760	
Total (%)	6		2		7		18		7		59		100	

Fonte: Inquérito de campo do autor, 2015

Nota: Int. = Internet; Sem.= Seminário; Soc.= Meios de comunicação social; Elect.= Meios de comunicação electrónicos; Print=Meios de comunicação impressos;

Amigo= Recomendação de amigos

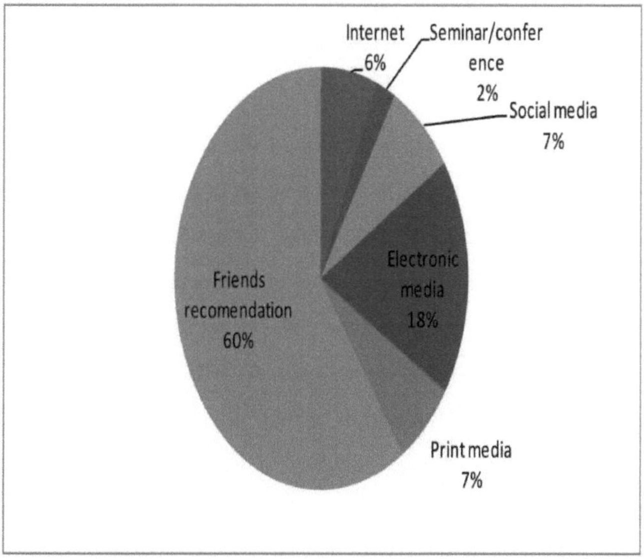

FIGURA 4.21: Actividades do destino e meio de sensibilização dos turistas.

Fonte: Inquérito de campo do autor, 2015

Oitocentos e sessenta turistas, representando 26%, obtiveram a sua fonte nos meios de comunicação electrónicos, enquanto 58 turistas, representando 2% dos turistas, obtiveram a sua própria fonte num seminário ou conferência visitados. Quanto aos turistas que visitaram o país para assistir às festas de Natal, 3400 turistas, representando 45% dos turistas, obtiveram a sua fonte nos meios de comunicação electrónicos, 1818, representando 24%, obtiveram a sua fonte em recomendações de amigos, enquanto 332 turistas, representando 4% dos turistas, obtiveram a sua fonte em seminários ou conferências. Quanto aos que se deslocaram para assistir a cerimónias de títulos de chefia, 2442 turistas, representando 68%, obtiveram a sua fonte a partir de recomendações de amigos, enquanto nenhum dos turistas dessa categoria obteve a sua fonte a partir de seminários ou conferências, uma vez que se tratava de um evento pessoal ou individual. Verificou-se também que um total de 20% e 13% do total de turistas que visitaram a região participaram no Carnaval de Natal e nos festivais de máscaras, respetivamente. O estudo observou que o evento sociocultural que teve a menor percentagem se deveu a uma publicidade limitada.

1.1.1Participação da população local em actividades socioculturais na área de estudo

O estudo também examinou o nível de participação da população local e a apreciação dos seus valores socioculturais. As informações constantes do Quadro 4.18 e da Figura 22 mostram que 394 inquiridos, representando 87% dos inquiridos em Ugep, participaram nos festivais de inhame novo, 444 inquiridos, representando 45% dos inquiridos na metrópole de Calabar, estiveram envolvidos em casamentos tradicionais, 382 inquiridos, representando 46% dos inquiridos na metrópole de Calabar, estiveram envolvidos em cerimónias fúnebres, enquanto 198 inquiridos, representando 49% dos inquiridos na metrópole de Calabar, estiveram envolvidos em cerimónias de atribuição de nomes a crianças (Quadros 1-6). O quadro 1-6 mostra as pessoas que participam em eventos socioculturais.

QUADRO 4.18 Participação do inquirido em actividades socioculturais

Actividades culturais	Obanliku (Frequência)	(%)	Ugep (Frequência)	(%)	Calabar (Frequência)	(%)	Total	Total (%)
Festa do inhame novo	8	2	394	87	52	11	454	11
Casamento tradicional	144	15	394	40	444	45	982	24
Cerimónia de enterro	134	16	323	38	382	46	839	20
Festivais de Natal	144	15	394	40	444	45	982	24
Competições desportivas	56	39	29	20	60	41	145	4
Cerimónia de chefia	24	22	60	56	24	22	108	3
Cerimónia de atribuição do nome da criança	79	20	128	32	198	49	405	10
Festival de máscaras	20	12	72	44	71	44	163	4
Concurso de luta livre tradicional	22	37	26	44	11	19	59	1
Total (%)	631	15	1820	44	1686	41	4137	100

Fonte: Inquérito de campo do autor, 2015

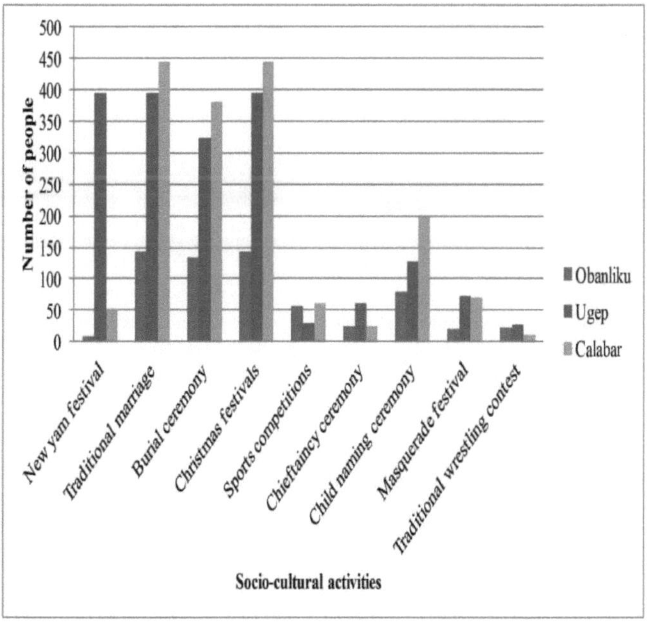

FIGURA 22: Envolvimento da população local em actividades socioculturais na área de estudo

Fonte: Inquérito de campo do autor, 2015

PLACA 1: Exibição de máscaras durante um festival tradicional na metrópole de Calabar

Fonte: Inquérito de campo do autor, 2015

PLACA 2: Senhoras em traje indígena durante o festival do inhame novo em Ugep

Fonte: Inquérito de campo do autor, 2015

PLACA 3: Donzelas que participam numa festa tradicional em Obanliku

Fonte: Inquérito de campo do autor, 2015

PLACA 4: Mulheres que participam no festival do inhame novo em Ugep

Fonte: Inquérito de campo do autor, 2015

PLACA 5: População local que participa no festival de carnaval na metrópole de Calabar

Fonte: Inquérito de campo do autor, 2015

PLACA 6: Homens que participam num evento sócio-cultural em Ugep

Fonte: Inquérito de campo do autor, 2015

1.1.2Valores socioculturais na zona de estudo

O estudo examinou os valores socioculturais locais disponíveis na zona. Descobriu-se que as pessoas tinham um prémio elevado para certas variáveis socioculturais, tais como festas tradicionais, casamentos tradicionais, culto religioso tradicional e sistema de crenças tradicionais, entre outros. Na Tabela 4.19 e na Figura 23, o resultado mostra que a comida tradicional e os casamentos tradicionais atraíram o valor mais elevado de 13%. Seguiu-se o penteado tradicional, com 12%, e o menos importante foram as prendas tradicionais, com 1%. Isto implica que estes itens têm um elevado valor socio-cultural na área de estudo. Por outro lado, itens como as prendas tradicionais, com um valor médio de 2,1, as bebidas locais, com um valor médio de 2,3, e o culto religioso tradicional, com um valor médio de 2,6, têm pouca expressão na área de estudo. Além disso, o estudo observou uma variação significativa no sistema de valores socioculturais na área de estudo. Por exemplo, o estudo revelou que as pessoas em Calabar valorizam muito os casamentos tradicionais, a comida tradicional e o estilo de vestuário tradicional. Estas representam 18% da população estudada. Enquanto que em Obanliku e Ugep as preferências vão para os casamentos tradicionais, o sistema jurídico tradicional e a comida tradicional (Quadro 4.16 e Figura 24) (Quadros 6-9)

1.1.3 Avaliação dos valores socioculturais das populações locais da zona de estudo

Foi pedido aos inquiridos que classificassem os valores socioculturais de importância usando uma escala de cinco pontos (1-5), em que 5 é a pontuação mais alta e 1 a pontuação mais baixa. A Tabela 4.20 mostra que as festas tradicionais, os casamentos tradicionais, a comida tradicional e o sistema de crenças tradicionais, com os valores médios mais elevados de 4,7, 4,2 e 4,1, respetivamente, foram considerados o sistema de valores socioculturais mais significativo das pessoas. Isto implica que estes itens têm um maior nível de apreciação e significado nos locais de estudo. Por outro lado, itens como; bebidas locais, sistema jurídico tradicional e presentes tradicionais com valores médios de 1,8, 2,2 e 2,3 respetivamente têm o nível mais baixo de significância entre os inquiridos do estudo.

TABLE 4.19

Valores socioculturais na zona de estudo

Valores culturais	Obanliku (Freq.)	(%)	Ugep (Freq.)	(%)	Calabar (Freq.)	(%)	Total (Freq.)	(%)	Média
Festas tradicionais	102	8	394	11	102	4	598	8	3.9
Artes e ofícios tradicionais	65	5	300	8	56	2	421	6	3.5
Crença tradicional sistema	128	10	365	10	24	1	517	7	4.0
Tradição culto religioso	40	3	345	10	22	1	407	6	2.6
Casamentos tradicionais	144	12	394	11	421	17	959	13	4.0
Paisagismo tradicional	62	5	98	3	38	2	198	3	4.0
Padrão de construção tradicional	52	4	65	2	88	4	205	3	3.6
Alimentos tradicionais	132	11	390	11	444	18	966	13	3.9
Bebidas locais	128	10	282	8	321	13	731	10	2.3

Prenda tradicional	26	2	36	1	42	2	104	1	2.1
Estilo de cabelo tradicional	122	10	380	11	402	17	904	12	3.5
Vestuário tradicional (traje)	88	7	200	6	432	18	720	10	3.7
Sistema jurídico tradicional	142	12	346	10	28	1	516	7	3.3
Total	1231	100	3595	100	2420	100	7246	100	

Fonte: Inquérito de campo do autor, 2015

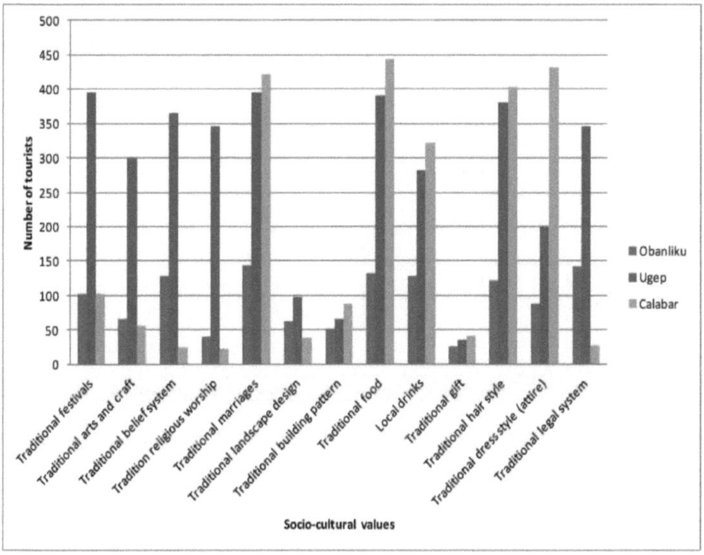

FIGURA 23: Valores socioculturais na área de estudo

Fonte: Inquérito do autor no terreno, 2015

TABLE 4.20

Importância percebida dos valores socioculturais na área de estudo

Valores socioculturais	Obanliku (Freq.)	(%)	Ugep (Freq.)	(%)	Calabar (Freq.)	(%)	Média
Festas tradicionais	134	11	394	12	300	11	4.7
Artes e ofícios tradicionais	22	2	210	6	132	5	2.6
Sistema de crenças tradicional	140	11	351	11	92	3	4.1
Tradição culto religioso	98	8	300	9	68	3	3.3
Casamentos tradicionais	144	12	394	12	444	17	4.2
Paisagismo tradicional	76	6	212	6	238	9	2.5
Padrão de construção tradicional	98	8	111	3	120	5	3
Alimentos tradicionais	142	11	328	10	381	14	4.2

Bebidas locais	54	4	98	3	122	5	1.8
Prenda tradicional	68	5	118	4	159	6	2.3
Estilo de cabelo tradicional	56	5	268	8	212	8	2.9
Vestuário tradicional (traje)	102	8	300	9	267	10	3.7
Sistema jurídico tradicional	110	9	242	7	100	4	2.2
Total	1244	100	3326	100	2635	100	

Fonte: Inquérito de campo do autor, 2015

TABLE 4.21

Nível de importância dos valores socioculturais da população local

Valores socioculturais	Obanliku	Ugep	Calabar
Festas tradicionais	5	5	2
Artes e ofícios tradicionais	2	4	2
Sistema de crenças tradicional	4	4	1
Tradição culto religioso	4	4	1
Casamentos tradicionais	5	5	5
Paisagismo tradicional	3	3	1
Padrão de construção tradicional	5	3	1
Alimentos tradicionais	4	3	1
Bebidas locais	1	2	1
Prenda tradicional	1	1	1
Estilo de cabelo tradicional	3	3	1
Vestuário tradicional (traje)	3	2	1
Sistema jurídico tradicional	3	2	1

Pontuação: 1-5 (1 indica o mínimo e 5 o máximo).

Fonte: Inquérito de campo do autor, 2015

4.5 Perceção da população local em relação à preferência dos turistas pelas actividades socioculturais na zona de estudo

O estudo também apresentou a visão perceptiva das pessoas sobre as preferências dos turistas em relação às actividades socioculturais. Estes pontos de vista foram captados através da classificação das actividades socioculturais significativas na área de estudo. A escala era de um a cinco, sendo cinco considerado o mais significativo e um o menos significativo. As respostas foram somadas e apresentadas nos Quadros 4.21 e 4.22, respetivamente. Os dados da Tabela 4.21 mostram que os inquiridos com a opinião de que os turistas deviam passar mais tempo na zona durante os eventos culturais, com um valor médio de 4,5, os que gostam de ver turistas na sua zona, com um valor médio de 4,3, e os que têm a opinião de que as visitas de turistas à sua zona ajudaram a tornar a sua zona conhecida internacionalmente, com um valor médio de 4,2, o que significa que a maioria dos inquiridos do apreciava e apoiava a visita de turistas à zona. Por outro lado, os inquiridos com a opinião de que os turistas são simpáticos para a população local e os inquiridos com a opinião de que a população local é tratada como inferior pelos turistas apresentaram um valor médio de 2,0, representando o facto de os turistas não tratarem a população local com respeito. O resultado da Tabela 4.21 revelou ainda que a maioria da população local apoiava a visita de mais turistas ao destino, uma vez que 11% da população total do estudo exprimiu opiniões positivas em relação à visita de turistas à zona, enquanto 7% dos inquiridos exprimiram alguma queixa sobre a natureza hostil dos turistas para com a população local.

O estudo examinou as preferências dos turistas relativamente aos valores socioculturais das áreas de destino. Os resultados da Tabela 4.22 revelaram que os turistas tinham grande preferência pelas festas tradicionais e pelos instrumentos musicais tradicionais, atraindo o apoio de 27% da população total do estudo. os passos de dança tradicionais e a comida nativa, com 21% e 8%, respetivamente, enquanto o dialeto local e o penteado tradicional registaram a menor preferência, com 2% cada.

TABLE 4.22

Perceção dos turistas na zona de estudo

Variáveis	Obanliku	(%)	Ugep	(%)	Calabar	(%)	Total	(%)	Média
	(Freq.)		(Freq.)		(Freq.)		(Freq.)		
Os turistas são vistos com frequência	144	12	289	9	402	10	835	10	3.5
Gosto de ver turistas	112	9	394	12	429	11	935	11	4.3
Mais turistas deveriam visitar	100	8	298	9	432	11	830	10	3.9
Os turistas dão a conhecer o nosso território	120	10	321	10	444	11	885	10	4.2
O número de turistas deve aumentar	144	12	333	10	444	11	921	11	4

Mais interação com os turistas".	144	12	368	11	422	11	934	11	3.7
Os turistas deveriam passar mais tempo	144	12	394	12	418	11	956	11	4.5
Os turistas são simpáticos	70	6	297	9	198	5	565	7	2
A população local deve proteger os turistas	100	8	250	8	322	8	672	8	2.5
A população local é tratada como inferior aos turistas	120	10	380	11	429	11	929	11	2
Total	1198	100	3324	100	3940	100	8462	100	

Fonte: Inquérito de campo do autor, 2015

TABLE 4.23

Avaliação pela população local da preferência dos turistas pelos seus valores socioculturais

Actividades nativas	Obanliku (Freq.)	(%)	Ugep (Freq.)	(%)	Calabar (Freq.)	(%)	Total (Freq.)	(%)	Classificação
Alimentos nativos	12	3	54	4	211	12	277	8	3
Traje tradicional	8	2	68	5	154	8	230	6	4
Línguas locais	18	4	14	1	32	2	64	2	7
Passos de dança tradicionais	82	18	298	23	379	21	759	21	2
Festa tradicional	122	27	394	30	444	24	960	27	1
Instrumentos de música tradicional	138	30	385	30	428	24	951	27	1
Bebidas locais	32	7	26	2	87	5	145	4	5
Culto religioso tradicional	32	7	28	2	38	2	98	3	6
Estilo de cabelo tradicional	12	3	34	3	42	2	88	2	7
Total	456	100	1301	100	1815	100	3572	100	0

Fonte: Inquérito de campo do autor, 2015

O estudo descobriu ainda que os turistas eram muito selectivos na área da interação com a população local, uma vez que só estavam interessados em coisas que eram únicas para a sua experiência. O estudo revelou ainda que os turistas têm grande preferência pelas festas tradicionais e pelos instrumentos musicais tradicionais, ao passo que os turistas têm menos interesse pela língua local e pelos penteados tradicionais.

4.23.1Interação entre turistas e habitantes locais na zona de estudo

Foram identificados os meios de interação entre os turistas e a população local. Estes meios de interação envolvem a interação dentro das atracções da estância, restaurantes, locais para beber, cerimónias tradicionais, durante as compras, entre outros (Tabela 4.23). Os resultados da Tabela 4.23 mostram que a interação nos locais de estância oferecia a maior oportunidade de interação, com 15% da população estudada a apoiar este ponto de vista. Seguem-se de perto os casamentos tradicionais, que registaram 12% da população estudada, e o meio de interação menos importante: , que oferece a menor oportunidade, com 3% da população estudada. O estudo observou ainda que, em Obanliku, os locais de estância e as actividades desportivas ofereciam a maior oportunidade, uma vez que a área de estância da montanha de Obudu e a corrida da montanha de Obudu ofereciam aos turistas e à população local uma boa oportunidade de interação. Em Ugep, descobriu-se que a estância balnear, sendo a zona urbana em torno da rotunda de Obol Opol, oferecia a maior oportunidade de interação, registando 20% das respostas, enquanto que, na metrópole de Calabar, as estâncias balneares, as discotecas e as actividades desportivas ofereciam o meio de interação mais elevado, com 12% e 11%, respetivamente. O quadro 7-13 mostra a interação dos turistas com a população local. Estas imagens mostram que existem vários meios de interação entre os turistas e a população local e que estas várias oportunidades de interação criam uma influência correspondente nos valores socioculturais da população.

QUADRO 4.24: Meios de interação entre turistas e habitantes locais

Meios de interação	Obanliku (Freq.)	(%)	Ugep (Freq.)	(%)	Calabar (Freq.)	(%)	Média	Total (Freq.)	(%)	Classificação
Locais de estância	144	17	394	20	444	12	4.9	982	15	1
Restaurantes	16	2	112	6	298	8	2.9	426	6	6
Pontos de venda de bebidas	65	8	76	4	189	5	3.8	330	5	7
Cerimónia de dança tradicional	121	14	394	20	154	4	4.1	669	10	3
Compras	16	2	59	3	346	9	2.1	421	6	6
Culto religioso	65	8	95	5	238	6	2.5	398	6	6
Casamentos tradicionais	86	10	321	16	411	11	4.1	818	12	2
Festivais de máscaras	100	12	238	12	349	9	3.8	687	10	3
Namoro	72	8	211	11	321	9	2.1	604	9	4
Clubes	42	5	53	3	412	11	3.5	507	8	5
Cinema	0	0	0	0	187	5	1.4	187	3	8

Actividades desportivas	126	15	46	2	399	11	4.4	571	9	4
Total	853	100	1999	100	3748	100		6600	100	

Fonte: Inquérito de campo do autor, 2015

PLACA 7: Interação dos turistas com a população local em Obanliku.

Fonte: Inquérito de campo do autor, 2015

PLACA 8: Um turista a interagir com crianças durante a festa do inhame em Ugep.

Fonte: Inquérito de campo do autor, 2015

PLACA 9: Turistas com a população local num clube na metrópole de Calabar.

Fonte: Inquérito de campo do autor, 2015

PLACA 10: Turistas comem iguarias locais durante a interação com as pessoas em Ugep.

Fonte: Inquérito de campo do autor, 2015

PLACA 11: Um turista troca gentilezas com o governante tradicional de Ugep durante uma visita à região

Fonte: Inquérito de campo do autor, 2015

4.23.2Valores socioculturais afectados pelas interações entre os turistas e as populações locais na zona de estudo

O estudo também examinou os efeitos e impactos da interação entre os turistas e a população local na área de estudo. Os resultados da Tabela 4.24 mostram que o item mais influenciado positivamente pela interação entre os turistas e a população local é a economia local e o padrão de construção tradicional. O estudo observou ainda que o efeito da interação teve uma influência relacionada em todas as áreas de estudo. Em Obanliku, a economia local teve o maior impacto positivo, atraindo 15% das respostas da população estudada, enquanto o culto religioso tradicional, o penteado tradicional, a relação familiar e o nível de promiscuidade tiveram as influências menos positivas, com 2%, 3% e 4%, respetivamente. Uma situação semelhante foi observada em Ugep e na metrópole de Calabar. Em Ugep e na metrópole de Calabar, a economia local, as paisagens tradicionais e o padrão de construção tradicional, com 22%, 15% e 14%, respetivamente, foram os que atraíram a maior influência da interação. Além disso, observou-se que as bebidas locais, as relações familiares e o nível de promiscuidade atraíram os impactos menos positivos, com 1% e 2%, respetivamente.

Por outro lado, o sistema de crenças tradicionais, o culto religioso tradicional, a comida nativa, as bebidas locais, o estilo de vestuário tradicional, a relação familiar e o nível de promiscuidade foram observados com a classificação mais baixa na escala de avaliação dos inquiridos. Estes itens foram classificados em 7.º e 8.º lugar, mostrando que atraem a maior influência negativa em resultado da interação entre os turistas e a população local.

4.23.3Análise comparativa dos atributos socioculturais antes e depois da interação entre turistas e população local na área de estudo

O estudo examinou os principais atributos socioculturais da população local, a fim de investigar se existem variações nos atributos socioculturais da população antes do boom do turismo em 2003 e 2013.

QUADRO 4.25: Valores socioculturais afectados positivamente pela interação dos turistas com a população local

Valores culturais	Obanliku (Freq.)	(%)	Ugep (Freq.)	(%)	Calabar (Freq.)	(%)	Média	Total (Freq.)	(%)	Classificação
Festivais de máscaras	32	4	62	3	67	4	1.8	161	3	8
Artes e ofícios tradicionais	112	12	283	14	34	2	4.4	429	9	5
Crença tradicional sistema	30	3	29	1	23	1	1.4	82	2	9
Tradição culto religioso	22	2	43	2	32	2	1.3	97	2	9
Casamentos tradicionais	89	10	222	11	147	8	3.7	458	10	4
Paisagismo tradicional	111	12	276	13	229	13	4.3	616	13	3
Padrão de construção tradicional	123	14	279	13	280	16	4.3	682	14	2
Alimentos nativos	46	5	57	3	69	4	1.7	172	4	7
Bebidas locais	28	3	27	1	23	1	1.5	78	2	9
Prenda tradicional	26	3	34	2	43	2	2.2	103	2	9
Estilo de cabelo	18	2	76	4	87	5	1.4	181	4	7

tradicional										
Vestuário tradicional (traje)	24	3	98	5	98	5	1.6	220	5	6
Sistema jurídico tradicional	32	4	54	3	35	2	1.7	121	3	8
Relação familiar	20	2	65	3	42	2	1.5	127	3	8
Nível de promiscuidade	16	2	30	1	26	1	1.7	72	1	10
Instituição de chefia	22	2	76	4	48	3	1.6	146	3	8
Economia local	138	15	308	15	389	22	4.4	835	17	1
Ocupação tradicional	46	5	67	3	112	6	2.1	225	5	6
Total	935	103	2086	100	1784	100		4805	100	0

QUADRO 4.26

Valores socioculturais afectados negativamente pela interação dos turistas com a população local

Valores culturais	Obanliku (Freq.)	(%)	Ugep (Freq.)	(%)	Calabar (Freq.)	(%)	Média	Total (Freq.)	(%)	Classificação
Festivais de máscaras	124	7	289	7	342	7	4.3	755	7	2
Artes e ofícios tradicionais	24	1	76	2	211	4	1.7	311	3	4
Crença tradicional sistema	132	8	342	8	401	8	4.5	875	8	1
Tradição culto religioso	112	6	333	8	392	8	4.7	837	8	1
Casamentos tradicionais	100	6	243	6	222	4	2.8	565	5	3
Paisagismo tradicional	20	1	72	2	52	1	1.9	144	1	6
Padrão de construção tradicional	28	2	64	2	68	1	1.4	160	1	6
Alimentos nativos	134	8	348	8	411	8	4.1	893	8	1
Bebidas locais	140	8	337	8	401	8	4.3	878	8	1
Prenda tradicional	126	7	311	7	371	7	4.0	808	7	2
Estilo de cabelo tradicional	132	8	322	8	354	7	4.6	808	7	2
Vestuário tradicional (traje)	133	8	310	7	403	8	4.7	846	8	1
Sistema jurídico tradicional	142	8	304	7	401	8	4.8	847	8	1
Relação familiar	141	8	331	8	393	8	4.6	865	8	1
Nível de promiscuidade	142	8	373	9	378	8	4.7	893	8	1
Economia local	23	1	89	2	76	2	1.5	188	2	5
Profissões tradicionais	98	6	57	1	111	2	3.6	266	2	5
Total	1751	100	4201	100	4987	100		10939	100	

Fonte: Inquérito de campo do autor, 2015

PLACA 12: Estilo de vestuário dos turistas brasileiros durante o carnaval de Natal na metrópole de Calabar em 2011

Fonte: Inquérito de campo do autor, 2015

PLACA 13: Turistas e habitantes locais posando para uma fotografia

Fonte: Inquérito de campo do autor, 2015

Estes atributos referem-se ao efeito resultante da interação entre os turistas e a população local. Os resultados dos Quadros 4.26 e 4.27 revelaram que as pessoas tinham fortes atributos de serem obedientes, respeitadoras, consumirem comida nativa e terem boas relações familiares (Quadro 4.26). O estudo também observou que, em 2003, a população local nas áreas de estudo tinha um sistema legal tradicional forte, com nove por cento da população total do estudo a apoiar este ponto de vista. Entretanto, a promiscuidade atraiu a menor classificação entre outros atributos, com três por cento das respostas nessa altura.

Por outro lado, a Tabela 4.27 mostra que há mudanças rápidas observadas nos atributos socioculturais das pessoas, com o elevado nível de promiscuidade a atrair a taxa de respostas mais elevada de 23% do total de respostas do estudo, enquanto os níveis de responsabilidade, respeito, obediência, sistema jurídico tradicional, ocupação tradicional, penteado tradicional, relação familiar e consumo de alimentos nativos caíram na escala de preferência das pessoas com 5% e 6% de respostas, respetivamente.

4.5.4 Análise estatística dos efeitos da interação dos turistas e das populações locais nas actividades socioculturais

O estudo considerou as actividades socioculturais das pessoas que são gravemente afectadas pela interação com os turistas na área de estudo e formulou hipóteses para serem testadas utilizando os dados do Quadro 4.27.

Hipótese três:

Ho: Não existe diferença significativa nos valores socioculturais das pessoas antes e depois das interações com os turistas na área de estudo

Hi: Não existe uma diferença significativa nos valores socioculturais das pessoas antes e depois das interações com os turistas na área de estudo

A hipótese foi testada utilizando o teste t independente. Esta estatística foi utilizada para comparar as actividades socioculturais antes de 2003 e depois de 2013). O resultado é apresentado no Quadro 4.28.

TABLE 4.27

Os atributos socioculturais das populações antes da interação dos turistas com as populações (2003)

Variáveis	Obanliku (Freq.)	(%)	Ugep (Freq.)	(%)	Calabar (Freq.)	(%)	Total (Freq.)	(%)	Classificação
Estilo de cabelo tradicional	124	10	338	10	246	10	708	10	3
Relação familiar	126	10	358	11	257	10	741	11	2
Molho tradicional	119	10	268	8	254	10	641	9	4
Promíscuo	24	2	98	3	118	5	240	3	6
Consumo de alimentos nativos	128	11	379	11	298	12	805	11	2
Sistema jurídico tradicional	138	11	356	11	124	5	618	9	4
Respeitoso	140	12	360	11	259	10	759	11	2

Ocupação tradicional	127	11	369	11	202	8	698	10	3
Envolvimento no crime	26	2	42	1	250	10	318	5	5
Responsável	128	11	355	11	229	9	712	10	3
Obediência	128	11	387	12	298	12	813	12	1
Total	1208	100	3310	100	2535	100	7053	100	0

Fonte: Inquérito de campo do autor, 2015

TABLE 4.28

Os atributos socioculturais das pessoas após a interação dos turistas com as pessoas (2013)

Variáveis	Obanliku (Freq.)	(%)	Ugep (Freq.)	(%)	Calabar (Freq.)	(%)	Total (Freq.)	(%)	Classificação
Estilo de cabelo tradicional	42	7	68	5	138	8	248	7	3
Relação familiar	52	9	87	7	86	5	225	6	4
Molho tradicional	34	6	98	8	112	7	244	7	3
Altamente Promíscuo	104	17	326	25	379	23	809	23	1
Consumo de alimentos nativos	45	7	87	7	102	6	234	7	3
Sistema jurídico tradicional	32	5	64	5	72	4	168	5	5
Respeitoso	43	7	52	4	69	4	164	5	5
Ocupação tradicional	56	9	112	9	99	6	267	8	2
Envolvimento no crime	112	18	322	25	389	24	823	23	1
Responsável	46	8	32	2	112	7	190	5	5
Obediência	42	7	45	3	87	5	174	5	5
Total	608	100	1293	100	1645	100	3546	100	0

Fonte: Inquérito de campo do autor, 2015

TABLE 4.29

Análise do teste t independente da diferença dos atributos socioculturais antes de 2003 e depois de 2013

	Período	N	Média	Desvio Std. Desvio	t-cal
Carnaval de Natal	Antes de 2003	982	1.8096	0.71776	-96.8645
	Depois de 2013	982	4.6833	0.59088	
Clubes	Antes de 2003	982	1.4695	0.61793	-92.6479
	Depois de 2013	982	4.4175	0.7826	
Molho tradicional	Antes de 2003	982	4.3798	0.63641	95.56948
	Depois de 2013	982	1.5672	0.66748	
Nível de promiscuidade	Antes de 2003	982	1.8177	0.74081	-88.6151
	Depois de 2013	982	4.5468	0.61856	
Jogos de azar	Antes de 2003	982	1.5866	0.58537	-118.177
	Depois de 2013	982	4.6181	0.55097	

Cibercriminalidade	Antes de 2003	982	1.6334	0.65745	-81.6547
	Depois de 2013	982	4.3523	0.81029	
Aniversário	Antes de 2003	982	1.6049	0.71584	-77.9921
	Depois de 2013	982	4.2403	0.78029	
Alimentos tradicionais	Antes de 2003	982	4.3198	0.71648	105.7129
	Depois de 2013	982	1.3136	0.52984	
Cabelo tradicional	Antes de 2003	982	4.4827	0.69453	95.00903
	Depois de 2013	982	1.4888	0.70195	
Direito tradicional sistema	Antes de 2003	982	4.3849	0.66245	99.84372
	Depois de 2013	982	1.4969	0.61868	
Bebida local	Antes de 2003	982	4.2373	0.75939	81.24649
	Depois de 2013	982	1.6212	0.66443	
Festival de máscaras	Antes de 2003	982	4.1976	0.74445	-96.8645
	Depois de 2013	982	1.3686	0.63258	
Relação familiar	Antes de 2003	982	4.6181	0.48609	-92.6479
	Depois de 2013	982	1.3534	0.60273	
Casamento tradicional	Antes de 2003	982	4.5855	0.61107	95.56948
	Depois de 2013	982	2.5255	1.00501	
Festa do inhame novo	Antes de 2003	982	4.5692	0.61313	-88.6151
	Depois de 2013	982	2.7261	1.5196	
Nomeação de crianças cerimónia	Antes de 2003	982	4.4745	0.73701	-118.177
	Depois de 2013	982	3.3177	1.46619	

Fonte: Análise de dados do autor, 2015

O resultado na Tabela 4.28 de -96,86 para o Carnaval de Natal, -92,64 para o Clubbing, -88,62 para o nível de promiscuidade, -118,17 para o jogo, -81,6547 para o cibercrime, -77,9921 para o aniversário, -96,86 para o Festival de máscaras, - 92.64 para a relação familiar, -88,61 para o festival do inhame e -118,177 para a cerimónia de batismo de crianças foram superiores ao valor t crítico de 1,96 necessário para a significância a um nível de significância de 0,05 com 980 graus de liberdade. Este resultado mostrou que existe uma diferença significativa nos valores socioculturais do Carnaval de Natal, das actividades de clubbing, do nível de promiscuidade, dos jogos de azar, do cibercrime, do aniversário, do festival de máscaras, da relação familiar, do festival do inhame novo e da cerimónia de batismo de crianças antes de 2003 e depois de 2013.

A negatividade dos valores T encontrados nesta hipótese significa que, antes de 2003, estes atributos socioculturais não existiam ou existiam pouco, mas passaram a existir muito depois de 2013. Também o valor t calculado de 95,56 para o vestuário tradicional, 105,71 para a comida tradicional, 95,00 para o cabelo tradicional, 99,84 para o sistema jurídico tradicional, 81,24 para a bebida local, e 95,56 para o casamento tradicional foram encontrados para ser maior do que o valor t crítico de 1,96 a 0,05 nível de significância e este resultado significa que existe uma diferença significativa nos atributos sócio-culturais do vestuário tradicional, comida tradicional, cabelo tradicional, sistema jurídico tradicional, bebida local, e casamento tradicional antes de 2003 e depois de 2013. Os valores t positivos obtidos nestas hipóteses revelam que estes atributos socioculturais nativos tinham uma existência elevada antes de 2003 e uma existência baixa depois de 2013. Este resultado pode ser atribuído à atitude das pessoas de negligenciarem os seus modos de vida nativos e de adoptarem o modo de vida dos turistas ou do mundo desenvolvido, o que foi evidenciado nas Tabelas 4.26 e 4.27.

4.5.5 Mudanças observadas nos valores socioculturais da população da área de estudo

O estudo também examinou as mudanças nos atributos socioculturais das pessoas ao longo do tempo, considerando o efeito da interação com os turistas. Os resultados dos Quadros 4.29 e 4.30 revelaram que houve uma rápida mudança nos atributos socioculturais das pessoas. O estudo revelou que o elevado nível de promiscuidade, o envolvimento no crime, a diminuição da ocupação tradicional, o aumento do materialismo entre as mulheres, o aumento do custo de vida, a adoção de meios de resolução de litígios, a adoção de meios tecnológicos de comunicação, a adoção de bebidas e alimentos estrangeiros e o estilo de vestuário ocidental. Observou-se que estas mudanças atraíram a taxa de resposta mais elevada da população estudada, de cinco a sete por cento, respetivamente. O estudo também revelou que o menor efeito da mudança nos atributos socioculturais foi observado na área da toxicodependência, que atraiu a menor taxa de resposta de dois por cento. O estudo revelou ainda que estas alterações foram observadas de forma homogénea em todos os locais de estudo. Isto implica que existe um impacto significativo da interação entre os turistas e a população local.

4.6 Impactos do turismo nas comunidades de acolhimento da zona de estudo

O estudo também examinou o impacto da indústria do turismo no bem-estar geral e no desenvolvimento das comunidades de acolhimento. O resultado do Quadro 4.31 revelou que a indústria do turismo registou um impacto positivo significativo no desenvolvimento das comunidades estudadas. O estudo revelou ainda que o turismo na área de estudo contribuiu fortemente para a diversificação da economia da comunidade anfitriã, aumentou as oportunidades de recreio, construiu estradas, melhorou o padrão de habitação, aumentou o rendimento familiar, aumentou as receitas do governo através dos impostos, promoveu um ambiente limpo, aumentou o patrocínio dos produtos locais, proporcionou novas oportunidades de negócio, registando um apoio de seis e sete por cento da população estudada. O estudo também revelou que o menor impacto foi observado no fornecimento de água potável, na melhoria das instalações de alojamento e na melhoria das instalações e serviços de saúde, que registaram 4% de toda a população estudada.

QUADRO 4.30: Alterações dos atributos socioculturais da zona de estudo

Variáveis	Obanliku (Freq.)	(%)	Ugep (Freq.)	(%)	Calabar (Freq.)	(%)	Total (Freq.)	(%)	Classificação
Adoção de um estilo de vestuário ocidental	134	6	368	8	420	6	922	6	2
Escolha de música estrangeira	122	6	211	4	348	5	681	5	3
Adoção de alimentos estrangeiros	76	3	132	3	368	5	576	4	4
Adoção de bebidas estrangeiras	110	5	323	7	401	5	834	6	2
Abandono da língua/dialeto local	121	6	87	2	426	6	634	4	4
Culto religioso adotado	123	6	211	4	400	5	734	5	3
Padrão de construção adotado	102	5	311	7	326	4	739	5	3
Congestionamento do tráfego	78	4	56	1	440	6	574	4	4
Toxicodependência	45	2	87	2	122	2	254	2	6
Elevado nível de promiscuidade	136	6	388	8	421	6	945	7	1

Envolvimento no crime	140	6	245	5	431	6	816	6	1
Meios tecnológicos de comunicação	121	6	201	4	440	6	762	5	3
Aumento do custo de vida	138	6	365	8	428	6	931	6	2
Meios de resolução de litígios adoptados	140	6	321	7	400	5	861	6	2
Passo de dança estrangeira	99	5	130	3	378	5	607	4	4
Diminuição da relação familiar	100	5	324	7	365	5	789	5	3
Envolvimento em jogos de azar	111	5	112	2	322	4	545	4	4
Participação em actividades de clube	35	2	134	3	286	4	455	3	5
Aumento do materialismo entre as mulheres	121	6	386	8	323	4	830	6	2
Diminuição da ocupação tradicional	130	6	342	7	432	6	904	6	2
Total	2182	100	4734	100	7477	100	14393	100	0

Fonte: Inquérito de campo do autor, 2015

QUADRO 4.31: Efeito resultante das interações na zona de estudo

Variáveis	Obanliku	Ugep	Calabar
Adoção de um estilo de vestuário ocidental	5	5	5
Escolha de música estrangeira	5	5	5
Adoção de alimentos estrangeiros	5	5	5
Adoção de bebidas estrangeiras	2	2	4
Abandono da língua/dialeto local	4	5	5
Culto religioso adotado	4	2	5
Padrão de construção adotado	2	3	5
Congestionamento do tráfego	1	2	5
Toxicodependência	1	3	5
Elevado nível de promiscuidade	3	5	5
Envolvimento no crime	2	2	5
Meios tecnológicos de comunicação	3	3	5
Aumento do custo de vida	2	3	5
Meios de resolução de litígios adoptados	2	3	5
Passo de dança estrangeira	2	3	5
Diminuição da relação familiar	3	3	5
Envolvimento em jogos de azar	3	3	5
Participação em actividades de clube	2	3	5
Aumento do materialismo entre as mulheres	2	3	5
Diminuição da ocupação tradicional	3	2	5

Escala: 1-5 (1 representa o mínimo e 5 o máximo)

Fonte: Inquérito de campo do autor, 2015

QUADRO 4.32: Impacto do apoio ao turismo na zona de estudo

Variáveis	Obanliku (Freq.)	(%)	Ugep (Freq.)	(%)	Calabar (Freq.)	(%)	Média	Total (Freq.)	(%)	Classificação
Construção de estradas acessíveis	134	6	365	6	431	7	4.7	930	6	2
Melhoria do padrão de habitação	98	4	312	5	400	6	4.7	810	6	2
Fornecimento de água portátil	46	2	112	2	402	6	2.3	560	4	4
Melhoria das instalações de alojamento	65	3	132	2	411	7	2.7	608	4	4
Oferta de emprego	121	6	331	6	321	5	4.4	773	5	3
Aumento do rendimento familiar	122	6	352	6	342	5	4.3	816	6	2
Aumento das receitas públicas através dos impostos	124	6	368	6	320	5	4.3	812	6	2
Melhoria dos serviços de saúde	67	3	121	2	231	4	2.4	419	3	5
Promoção de um ambiente limpo	132	6	376	6	389	6	4.4	897	6	2
O turismo aumenta o mercado dos produtos locais	139	6	340	6	401	6	4.7	880	6	2
O desenvolvimento do turismo aumenta as oportunidades de lazer	140	6	388	7	421	7	4.4	949	7	1
O turismo desenvolve um sentido de propriedade nos habitantes locais	132	6	330	6	302	5	4.5	764	5	3
O turismo melhora o nível de vida dos habitantes locais	129	6	352	6	210	3	4.4	691	5	3
O turismo cria novas oportunidades de negócio	130	6	362	6	320	5	4.7	812	6	2
Aumenta a procura de produtos locais	112	5	388	7	200	3	4.5	700	5	3
Cria respeito pela cultura e costumes locais	140	6	332	6	112	2	3.9	584	4	4
Aumentar os problemas de tráfego na zona	101	5	320	5	400	6	4.3	821	6	2
Aumenta a sensibilização dos habitantes locais	125	6	283	5	232	4	4.7	640	4	4
Diversifica a economia da comunidade de acolhimento	136	6	378	6	442	7	4.7	956	7	1
Total	2193	100	5942	100	6287	100		14422	100	

Fonte: Inquérito de campo do autor, 2015

4.6.1 Análise estatística dos impactos do turismo no desenvolvimento comunitário

O estudo considerou o impacto total percebido pelos residentes e os projectos de apoio ao turismo na área de estudo e formulou hipóteses para teste utilizando os dados dos Quadros 4.21 e 4.31.

1) Hipótese quatro

Ho: O sector do turismo não tem um impacto significativo no desenvolvimento da comunidade

H_i: O sector do turismo tem um impacto significativo no desenvolvimento da comunidade

Esta hipótese foi testada utilizando o coeficiente de correlação produto-momento de Pearson. Esta técnica foi utilizada para determinar o nível de relação entre o impacto total percebido pelos residentes e o apoio ao desenvolvimento do turismo.

O resultado no Quadro 4.32 revelou que o valor r calculado de 0,04 necessário para ser significativo era inferior ao valor r crítico de 0,196 a um nível de significância de 0,05 e, com este resultado, a hipótese nula foi rejeitada; isto significa, portanto, que existia um impacto significativo da indústria do turismo no desenvolvimento comunitário. Este facto pode ser comprovado pelas informações constantes dos quadros 4.21 e 4.31, em que a população local está entusiasmada com a presença de turistas e de instalações turísticas nas suas localidades. Também foram observados projectos de desenvolvimento iniciados através do apoio do turismo na área.

4.7 Discussão dos resultados

O estudo examinou os impactos do desenvolvimento do turismo sobre os valores socioculturais das zonas de destino no Estado de Cross River, na Nigéria. Foi examinado o número de chegadas de turistas, a sua origem e os efeitos das suas interações. O estudo revelou que um total de 27 326 turistas visitou a zona num período de onze anos (2003-2013).

QUADRO 4.33

Resultado da análise da correlação de produtos de Pearson dos impactos do turismo no desenvolvimento comunitário

Variáveis	ΣX ΣY	ΣX^2 ΣY^2	ΣXY	r_{xy}
Setor do turismo (X)	56279	3232385		0.04
Número de projectos (Y)	77354	6105560	4433598	

P<0,05, d.f=980, t crítico=0,196

Fonte: Inquérito de campo do autor, 2015

O estudo revelou igualmente que a maior parte destas chegadas foi registada durante períodos agitados como o festival de Natal, o carnaval de Natal, os festivais de inhame novo e a celebração da Páscoa (dezembro, agosto, setembro, março e abril). Observou-se que a chegada de turistas ao Estado tem um carácter sazonal, com picos e períodos de baixa. Observou-se também que, do número total de chegadas, 45% eram turistas nacionais provenientes da Nigéria, enquanto os restantes eram originários de outras partes do mundo. Para além disso, percebeu-se também que os turistas que visitaram a região tinham razões específicas para as suas visitas, que variavam de acordo com as necessidades individuais. Isto confirmou os princípios da teoria das necessidades básicas e da teoria da mobilização social e apoiou fortemente a posição de académicos como; Njar (2012); Koen et al. (2009); Huh (2002); Stonza (2001) que afirmaram que as chegadas dos turistas a um destino são altamente influenciadas pela singularidade e agitação do destino. Também foi enfatizado que a distância da origem do turista ao destino tem uma grande influência na escolha do destino pelos turistas, uma vez que a questão da sazonalidade também foi vista como um fator importante que afecta o planeamento e as operações do desenvolvimento do turismo no Estado.

O estudo também descobriu que a maior parte dos turistas que visitaram a região o fizeram devido a convites para vários eventos, quer de carácter turístico ou não turístico, ou porque alguém tinha partilhado uma experiência sobre o destino. Percebeu-se também que a maioria das pessoas que visitam o destino estão lá para participar em eventos, festividades ou férias. Este facto confirma claramente a importância da teoria das necessidades básicas e da teoria da mobilização social e também apoia as conclusões de Eja et al, (2012); Lansing & Vries (2006); Akpan & Obang (2012); Srithammasak (2010); Chutinan (2008); Muangyai (2008); Picard (2008) que concordaram que o turismo é uma indústria sazonal e que só a realização de eventos pode atrair mais pessoas para uma área de destino.

O estudo também observou que, independentemente da duração da estadia dos turistas no destino, eles influenciaram positivamente a economia das comunidades locais, uma vez que a indústria do turismo fornece emprego para a maioria dos residentes nas comunidades de acolhimento, que também tiveram um benefício indireto da indústria do turismo através do seu efeito de gotejamento derivado de outras instalações de apoio ao turismo. Isto confirma o conteúdo da teoria das necessidades básicas e da mobilização social, uma vez que a indústria do turismo satisfaz as necessidades fundamentais tanto dos turistas como das comunidades de acolhimento, o que apoia fortemente os estudos de Zaei & Zaei, (2013); Sia, (2011); Mbaiwa, (2008); Akama, (2000); Reid, (2000); Robinson, (2006).

Por outro lado, o estudo também revelou que a interação com os turistas teve um impacto negativo nos valores socioculturais da população local. O resultado mostra que o item mais influenciado positivamente pela interação entre os turistas e a população local é a economia da população local e o padrão de construção tradicional, mas os valores culturais fundamentais e o sistema de crenças da população foram negativamente afectados pela presença e interação entre os turistas e as comunidades de acolhimento.

Além disso, observou-se que a apreciação da língua local, a relação familiar e o nível de promiscuidade foram afectados pelo desenvolvimento do turismo. Isto confirma a relevância do conceito de desenvolvimento comunitário e da teoria da participação dos cidadãos, uma vez que também apoia as conclusões de Alshemeili, (2014); Ujang, (2014); Pike, (2010); Lundberg, Gudmundson e Andersson, (2009); Wahab e Pigram, (2005); Dallen e Gyan, (2009); Chabal, Engel e DeHaan, (2007).

Para além disso, também se percebeu que o desenvolvimento do turismo teve impactos negativos no sistema de crenças tradicionais, no culto religioso tradicional, na comida nativa, na escolha de bebidas locais, no estilo de vestuário tradicional, na relação familiar e no nível de promiscuidade entre as mulheres. Este facto confirma a relevância do conceito de participação comunitária e apoia igualmente as conclusões de Marzuki (2001); Zappino (2005); McGregor (2001); Kruk (2007); Banskota *et al*, (2000); Muhammadi *et al,* (2010); Uwadiegwu

(2002); e Godwin (2008)

Finalmente, foi revelado que o desenvolvimento do turismo contribuiu para o desenvolvimento infraestrutural das áreas de destino dentro do Estado, o que confirma a importância da teoria das necessidades básicas e apoia as conclusões de Agnes (2004); Aref e Ma'rof (2008); Guan (2008); Kamauro (2007), que salientaram que o turismo oferece oportunidades para o desenvolvimento regional, particularmente para as áreas regionais em mudança estrutural. Sendo uma indústria de mão de obra intensiva, com um bom planeamento, o turismo pode proporcionar um avanço económico; fornecer instalações infra-estruturais e oportunidades de formação, particularmente para os jovens e para a comunidade de acolhimento em geral (Brida, Riano & Zapata, 2012; Ayotunde & Ada, 2013).

CAPÍTULO 5

RESUMO, CONCLUSÃO E RECOMENDAÇÕES

5.1 Resumo das conclusões

O estudo examinou os impactos socioculturais do turismo no Estado de Cross River, na Nigéria. Foram utilizadas técnicas estatísticas relevantes para analisar os dados do inquérito por questionário e do método de avaliação rural participativa para chegar às suas conclusões. O resumo das principais conclusões do estudo é apresentado em conformidade.

A população do estudo era composta por 982 chefes de família, representando dez por cento do total de famílias da área. Deste número, 65% eram homens e 45% eram mulheres. A população do estudo envolvia 87% de indígenas e 13% de não-indígenas, com 35% da população do estudo a passar até 8 anos na área e 31% a passar até 20 anos na área. Isto implica que os residentes passaram tempo suficiente para compreender os principais atributos culturais da área.

A chegada de turistas foi considerada em todos os locais de estudo (Calabar Metropolis, Ugep e Obanliku). Verificou-se que, em Obanliku, 565 a 7 584 turistas visitaram a zona entre 2003 e 2013, 354 a 5 635 turistas visitaram Ugep e 1 398 a 14 107 turistas visitaram a metrópole de Calabar entre 2003 e 2013. Isto implica que se registou um aumento significativo do número de turistas que visitaram a zona. O aumento do número de turistas na zona significou também um aumento correspondente do nível de interação dos turistas com a comunidade de acolhimento e um aumento das actividades turísticas na zona.

Um total de 27.326 turistas visitou a área de estudo entre 2003 e 2013. Os "turistas internacionais" que visitaram a área registaram 55% do número total de chegadas, enquanto os "turistas nacionais" registaram os restantes 45%. Isto implica que a distância é um fator importante que determina a escolha do destino.

Observou-se que os turistas visitam os destinos por razões pessoais. Nove razões foram observadas como os principais objectivos da visita dos turistas à região, nomeadamente, visitar amigos e familiares, assistir ao carnaval e ao festival de Natal, assistir a casamentos, passar férias, assistir a seminários ou conferências, para negócios, assistir a actividades desportivas e festivais de inhame novo. O objetivo mais comum da visita dos turistas à região foi assistir ao carnaval e à festa de Natal, com 28% dos turistas, e passar férias, com 25%, enquanto o objetivo menos comum foi visitar a família e os amigos e as festas do inhame. Isto implica que a serenidade e a singularidade de um destino é um fator importante que motiva a escolha do destino pelo turista. Observou-se também que o estatuto socioeconómico dos turistas pode influenciar a duração da estadia na zona. 22% dos turistas passaram cerca de duas semanas na zona, enquanto 7% passaram até um mês na zona. Isto implica que a duração do tempo passado num destino está sujeita a factores internos (base financeira, lazer, objetivo da visita) e externos (segurança, serviços, instalações, serenidade), tal como são vistos pelo turista. Observou-se claramente que os turistas que visitaram a região para passar férias ou assistir ao festival de Natal passaram mais tempo na região.

Um meio de informação adequado é um fator importante para o posicionamento e o marketing de um destino. Observou-se que a maioria dos turistas dispunha de um meio de divulgação de informações que lhes permitia conhecer a região. Estes meios são a Internet, seminários, redes sociais, meios electrónicos, imprensa escrita e recomendações de amigos. Sessenta por cento dos turistas obtiveram a sua fonte de informação através da recomendação de amigos, dezoito por cento através dos meios electrónicos e sete por cento através da imprensa escrita e dos meios sociais. O nível de participação da população local também foi analisado. Observou-se que oitenta e quatro por cento das pessoas estavam envolvidas em actividades culturais na zona. Isto implica que as pessoas apoiam o desenvolvimento do turismo na zona. Os valores socioculturais das pessoas foram influenciados pela sua interação com os turistas. Observou-se que esta interação ocorre de várias formas, tais como, durante as actividades desportivas, nos centros de restauração, nos locais para beber, durante as compras, no mercado, durante o culto, durante os festivais de máscaras e de dança, nos casamentos tradicionais e nos festivais de inhame novo. Os principais valores culturais da população são o casamento tradicional, o sistema jurídico tradicional, o culto tradicional, as festas e a comida, o vestuário e o penteado nativos. Observou-se que as pessoas têm uma atitude positiva em relação à presença de turistas e ao desenvolvimento do turismo na zona. O aumento do número de turistas que visitam a zona aumentou significativamente o nível de interação entre os turistas e a comunidade de acolhimento. Esta interação teve um impacto negativo nos valores socioculturais das comunidades de acolhimento. O aspeto destes impactos é a apreciação dos festivais de máscaras, do sistema de crenças tradicionais, do culto religioso tradicional, da comida nativa, das bebidas locais, das recordações locais, da relação familiar, do estilo de vestuário tradicional e do sistema jurídico tradicional.

Finalmente, foi examinado o impacto da indústria do turismo no desenvolvimento da comunidade e percebeu-se que a indústria tinha influenciado positivamente as áreas de destino através da oferta de oportunidades recreativas, da diversificação da sua economia através da oferta de oportunidades de negócio e investimento, da promulgação de condições ambientais limpas, da oferta de empregos e oportunidades de emprego, do aumento do rendimento familiar e do aumento das receitas do governo através dos impostos. No entanto, houve alguns aspectos do desenvolvimento comunitário que foram negativamente influenciados, uma vez que as pessoas sentiram o elevado custo de vida, instalações de cuidados de saúde deficientes e sobreutilizadas e a comercialização da cultura local.

5.2 Conclusão

O estudo centrou-se nos impactos da interação entre os turistas e as comunidades de acolhimento no Estado de Cross River, com interesse específico em examinar o efeito ou impacto da interação nos valores socioculturais e o impacto da indústria do turismo no desenvolvimento da comunidade de acolhimento.

O estudo mostra que a interação dos turistas com a população local levou a mudanças nos valores socioculturais fundamentais das pessoas, levando-as a abandonar os seus valores fundamentais e expondo-as a adotar o modo de vida dos turistas. Além disso, o estudo observou que o turismo melhorou as condições de vida das pessoas, levando ao aumento do rendimento familiar, o que incentivou as pessoas a envolverem-se mais nas actividades turísticas. No entanto, também revelou que o aumento das actividades turísticas e a interação com os turistas provocaram alguns impactos negativos nos valores socioculturais das pessoas. O estudo também revelou que, embora as comodidades sociais básicas tenham sido fornecidas através do desenvolvimento do turismo na zona, havia necessidade de fazer mais no que diz respeito ao fornecimento de instalações modernas de cuidados de saúde e de abastecimento de água portátil na zona.

Com o aumento constante das chegadas de turistas entre 2003 e 2013, o estudo revelou que, se o turismo não for corretamente planeado ou gerido, a maior parte dos valores socioculturais da comunidade de acolhimento será extinta nos próximos anos e que a indústria do turismo pode estimular o desenvolvimento equitativo das pessoas e das comunidades de acolhimento.

5.3 Recomendações

Com base nas conclusões acima descritas, são sugeridas as seguintes recomendações;

i) Os valores socioculturais da população local devem ser incentivados através da adoção de uma abordagem de desenvolvimento turístico de base comunitária, em que as pessoas serão responsáveis pela maior parte das facetas da indústria na sua comunidade, para as ajudar a ter a oportunidade e a opção de manter e sustentar as suas crenças e valores socioculturais.

ii) Devem ser organizados e acolhidos mais eventos culturais na área de estudo e as pessoas devem ser envolvidas em todas as fases dos eventos turísticos (planeamento, implementação e partilha de benefícios) para ajudar a encorajar e sensibilizar as pessoas para a necessidade de proteger, promover e sustentar os seus valores culturais fundamentais.

iii) Para garantir um aumento das chegadas, o governo e os gestores dos locais e eventos turísticos devem envidar mais esforços na publicidade e na promoção dos seus produtos através da utilização de diferentes meios de marketing, como a televisão, os jornais, a rádio, a Internet, o telefone ou os telemóveis, os painéis, as placas e os cartazes dentro e fora do país.

iv) A língua da população local deve ser incluída no currículo da escola comunitária para ajudar a encorajar os mais jovens a familiarizarem-se com o seu uso.

v) Devem ser estabelecidas leis que orientem o comportamento e a atitude dos visitantes da zona, para evitar comportamentos excessivos por parte dos turistas".

vi) Os produtos locais devem ser promovidos e comercializados para incentivar e assegurar uma melhor apreciação desses produtos tanto pela população local como pelos turistas".

vii) O Governo deveria considerar a possibilidade de intensificar os seus esforços no sentido de fornecer serviços sociais básicos às aldeias vizinhas da zona, especialmente porque estes constituem os requisitos básicos para uma operação turística bem sucedida.

viii) Acima de tudo, deve ser incentivado um turismo comunitário que assegure um maior envolvimento da comunidade. Isto reforçará o desenvolvimento de orientações mais socialmente aceitáveis para o desenvolvimento comunitário, em que os benefícios provenientes do turismo serão utilizados para alcançar o objetivo de trazer prosperidade à comunidade.

REFERÊNCIAS

Abbott, J. (2013). Partilhando a cidade: a participação da comunidade na gestão urbana. *Journal of Business and Management. 2*(2), 45-60.

Agnes, K. (2004). *Is community-based ecotourism a good use of biodiversity conservation funds: Trends on ecology and evolution.* Washington. D.C: Banco Mundial.

Akama, J. (2002). The creation of the Masaai image and tourism development in Kenya. Em J. Akama e P. Sterry (eds) *Cultural Tourism in Africa: Strategies for the New Millennium.* Actas da Conferência Internacional ATLAS África, realizada em Mombassa, de 5 a 8 de dezembro

Akhal, R.,Shabaneh, A. & Tyroler, C. (2008). Setor do artesanato em Aqaba: Diagnostic, strategy and action plan development, program, Aqaba community and economic development (ACED) program -iv, United States

Akinpelu, J.A (1988). Towards a re-definition of the concept of continuing education (Para uma redefinição do conceito de formação contínua). Um mimeógrafo não publicado, Universidade de Ibadan, Nigéria.

Akpan, E. I & Obang, C.E. (2012). Tourism: Uma estratégia para o desenvolvimento sustentável no Estado de Cross River, Nigéria. *Revista Internacional de Negócios e Ciências Sociais*. 3(5), 124-129.

Alexandra, J., & Riddington, C. (2007). Redreaming the rural landscape. *Futures, 39*(07), 324-339.

Alhasanat, S. (2008). Socio-cultural impacts of tourism on the local community at Petra, Jordan, disponível em: http://www.jitours.com/ (Acedido em 15th de dezembro, 2015).

Alhroot, A.H. (2008). The Roots of Tourism and Destination Marketing Research. (1ª Ed), Jornal Aldstoor. *Amã /Jordânia*. pp. 10-33

Alhroot, A.H. (2013). O desenvolvimento do turismo entre o passado, o presente e o futuro no impacto civilizador da tecnologia moderna. *Pesquisa Internacional Journal of Tourism Management*. 1(1), 1020.

Allen, P. (2007). Auto-organização no sistema urbano. Em P. Allen (Ed.), *Self-organization and Dissipative Structures: Applications in the Physical and Social Sciences*. Austin: University of Austin Press.

Allen, R., Long P., Perdue, R. & Kieselbach, S. (1988). The impact of tourism development on residents' perceptions of community life. *Journal of Travel Research*, 27(1), 16-21.

Alshemeili, A. (2014). *The relationship between place atttachment and return visits to heritage sites: A case study of Ras Al khaimah*. Recuperado de http://ro.ecu.edu.au/theses/1014

Associação Americana de Psicologia (APA) (2010). Sociologia. Disponível em: http://dictionary.reference.com.

Andrew-Essien, E.E & Akintoye, O.A. (2012). Pobreza urbana e degradação do ambiente residencial na área de Calabar do estado de Cross River, Nigéria. *Revista global de ciências sociais humanas*. 12(6), 4856.

Anholt, S. (2005), "Brand new justice: how branding places and products can help the developing world", Elsevier Butterworth-Heinemann, Oxford

Anholt, S. (2009), "Places: identity, image and reputation", Palgrave Macmillan

Aniah, E. J. & Eja, E. I. (2005). Desenvolvimento do turismo no Estado de Cross River, Nigéria: A compendum of tourist sites and potential tourism areas. *Calabar Journal of Liberal Studies*, 8(2), 51-78.

Aniah, E. J., Eja, E.I & Otu, J.E (2005). An Exposition and Analysis of Tourist Sites in Nigeria (Uma Exposição e Análise de Locais Turísticos na Nigéria). *Calabar Journal of Literary Studies*, 1(1), 139-157.

Aniah, E. J., Eja, E.I., Otu, J.E. & Ushie, M.A. (2009). Patronage of ecotourism potentials as a strategy for sustainable tourism development in Cross River State,

Nigeria. *Jornal de Geografia e Geologia*, 1(2), 20-27.

Programa de Desenvolvimento do Turismo de Antígua e Barbuda. (2003). Tourism's economic impacts: Increasing the contribution to prosperity, preparado por: KPMG consulting LP, fevereiro, 2013: [Online] Disponível: http://www.tourismantiguabarbuda.gov.ag/tourism

Archer, B., Cooper, C. & Ruhanen, L. (2005). The positive and negative impacts of tourism. Em W. F. Theobald (Ed.), *Global tourism* (3rd Ed.) (Pp.79-102) Burlington, MA: Elsevier.

Ardahaey, F.T. (2011). Impactos económicos da indústria do turismo. *International* Journal of *Business management.* 6(8), 206-215.

Aref, F. & Ma'rof, R. (2008a). Barreiras à participação da comunidade no desenvolvimento do turismo em Sheraz, Irão: *Pakistian Journal of Social Science,* 5(9), 936-940.

Aref, F., & Ma'rof, R. (2008b). Barreiras à liderança comunitária no desenvolvimento do turismo em Shiraz, Irão. *Revista Europeia de Ciências Sociais, 7*(2), 172-178.

Aref, F., & Redzuan, M. (2009). Community Leaders' Perceptions toward Tourism Impact and Level of Community Capacity Building in tourism Development (Percepções dos Líderes Comunitários sobre o Impacto do Turismo e Nível de Capacitação Comunitária no Desenvolvimento do Turismo). *Journal of Sustainable Development, 2*(3), 208-213.

Aremu, D. A. (2001). *Cultural and eco- tourism development in Nigeria:* The role of the three tiers of government and the private sector. Ibadan. Hope publishers.

Arion, F. (2006). Aconselhamento para a promoção da sustentabilidade no turismo rural, agricultura. *Revista de Práticas e Ciências Agrárias,* 59(3-4), 107-111.

Arnstein, S. R. (1969). A ladder of citizen participation. *Journal of American in Statute of Planners, 35*(4), 216-224.

Ashe, J. W. (2005). *Tourism investment as a tool for development and poverty Reduction: The experience in Small Island developing states (SIDS).* (pp 18-20), Barbados

Ashley, C., & Roe, D. (1998). Enhancing community involvement in wildlife tourism: Issues and challenges, American *Cultures.* Gainesville, Florida: University Press, Florida.

Awang, K.W, Wan Hassan, W. & Mohd Zahari, M. (2009). Tourism development: A geographical perspective. Asian Social Science. 5(5), 67-76.

Ayers, J. S., & Potter, H. R. (1989). Attitudes toward community change: A comparison between rural leaders and residents. *Journal of the Community Development Society* 20(1), 1-18.

Ayotunde, E.O & Ada, F.B. (2013). Conservação da biodiversidade no estado central de Cross River, Nigéria: O papel das comunidades indígenas. *Jornal de investigação sobre pescas e hidrobiologia*. 8(2), 20-26.

Banskota, Kamal & Bikash-Sharma (2000). *Mountain tourism for local community development in Nepal: A case study of Syaphrubesi, Langtang National park.* Documento de reflexão do MEI 98/3: Kathmandu: ICIMOD.

Bar On, R. R. V. (1999). The measurement of seasonality and its economic impacts. *Tourism Economics,* 5, 437-458.

Bardolet, E. & Sheldon, P. J. (2008). Tourism in archipelados. Hawai'i and the Balearics. *Annals of Tourism Research,* 35(4), 900-923.

Barnes, M. (2006). Whose spaces? Contestations and negotiations in health and community regeneration forum in the UK, in A. Cornwall and V. Schattan Coelho, eds, Spaces for Change? The Politics of Citizen Participation in New Democratic Arenas, Zed Books, Londres.

Baum, T. & Lundtorp, S. (Eds.) (2001). Seasonality in Tourism. Oxford: Pergamon.

Beaver, A. (2002). A dictionary of travel and tourism terminology. Willingford: CAB international, pp. 313.

Beeton, S. (2006). Community Development through Tourism, Landlink Press, Austrália.

Belisle, F. J., & Hoy, D. R. (1980). The perceived impact of tourism by residents: A case study in Santa Marta, *Annals of Tourism Research.* 7, 83-101, Columbia.

Blank, U. (1989). *O imperativo da indústria do turismo comunitário: Its necessity, opportunities, and potentials.* Austrália, Venture Publishing.

Bounyang, P. (2010). Preservation and Development to give added value to Luang Prabang World Heritage City. Celebração dos 15 anos do Património Mundial de Luang Prabang, Luang Prabang, RDP do Laos.

Bowen, D. (2001) Antecedents of consumer satisfaction and dissatisfaction (CS/D) on long-haul inclusive tours: A reality check on theoretical considerations. *Tourism Management,* 22, 49-61

Bozlul, K. (1994). *Participation, development, and social stratification (Participação, desenvolvimento e estratificação social).* Boston: University Press of America.

Bramwell, B. (1998). *Tourism Mangement,* 19(1), 35-47

Brida, J. G., Riano, E. e Zapata, S. (2012). Percepções dos residentes face ao impacto do Turismo de cruzeiro numa comunidade: A fator and cluster analysis. *Cuadernos de Turismo,* 29, 263-266. Universidad de Murcia.

Brida, J.G. & Zapata, S. (2010). Impactos económicos do turismo de cruzeiros: O caso da Costa Rica. *An International Journal of Tourism and Hospitality Research.* 21(2), 322-338.

Brida, J.G. e Zapata, S. (2010b). Turismo de Cruzeiros: Economic, SocioCultural and Environmental Impacts, *International Journal of Leisure and Tourism Marketing,* 1(3), 205-226.

Brougham, J. E., e Butler, R. W. (1981). A Segmentation Analysis of Resident Attitudes to the Social Impact of Tourism [Uma análise de segmentação das atitudes dos residentes em relação ao impacto social do turismo]. Annals of Tourism Research 8, 569-589.

Brown, R. B. (1993). A Lion's Share of Tourism in the 21st Century. Visions in Leisure and Business 12(2), 4-11.

Brunt, P e Courtney, P. (1999). Perceção comunitária e impactos socioculturais . *Annals of Tourism Research.* 26(3), 493-515.

Brunt, P. e Courtney, P. (1999b). Host perceptions of socio-cultural impacts. *Annals of Tourism Research.* 26 (3), 493-515. Reino Unido, University of Plymouth press.

Brunt, P. R. (1997) Market Research in Travel and Tourism. Oxford: Butterworth Heinemann.

Burnham, P. (1996). "The Policies of cultural differences in northern Cameroon". *Smithsonian Institution press, Washington DC.*

Burns, P., & Holden, A. (1995). *Tourism: A new perspective. London:* Prentice Hall.

Butler, R. W. (1994). Seasonality in tourism: Issues and problems. Em Seaton *et al.* (Eds.). *Tourism: The Status of the Art* (pp. 332-339). Chichester: Wiley.

Cacnclini, N.G. (1995). *Culturas híbridas: Strategies for entering and leaving modernity.* Minneapolis: University of Minnesota Press.

Cali, M., Ellis, K., & Willem te Velde, D. (2008). *The contribution of services to development: The role of regulation and trade liberalisation.* London: Overseas Development Institute.

Campbell, L. M. (2002). Ecotourism in rural developing communities (Ecoturismo em comunidades rurais em desenvolvimento). *Annals of Tourism Research,* 26(3), 534-553.

Declaração da Cidade do Cabo (2002). Conferência da Cidade do Cabo sobre turismo responsável nos destinos; (agosto, 2002).

Capó, J., Riera, A. & Rosselló, J. (2007). Determinantes do alojamento nos padrões sazonais. *Annals of Tourism Research,* 34(2), 422-436.

Causey-Bush, T. (2005). Mantenham os olhos no Texas e na Califórnia. *The Journal of Negro Education.* 1(1), 26-38.

Ceballos-Lascurain H. (1996). *Turismo, ecoturismo e áreas protegidas: The state of nature-based tourism around the world and guidelines for its development.* Gland, Suíça: União Internacional para a Conservação.

Chok, S. & Macbeth, J. (2007). Tourism as a tool for poverty alleviation: a critical analysis of 'pro-poor tourism' and implications for sustainability, *Current Issues in Tourism,* 10 (2&3), 144-164.

Chutinaan, S. (2008). *Património cultural, interpretação, gestão e promoção: O parque histórico de Phimai.* (Tese não publicada).

Universidade de Silpakorn.

Copeland, C. (2008) "Cruise ship pollution: Background, laws and regulations, and key issues", http://www.ncseonline.org/NLE/CRSreports/07Dec/RL32450.pdf.

Cornwall, A. (2000) Beneficiary, Consumer, Citizen: Perspectives on Participation for Poverty Reduction, Sida Studies 2, Estocolmo, Suécia.

Cornwall, A. e Coelho, V. S. (2006) Spaces for Change? The Politics of Participação dos Cidadãos em Novas Arenas Democráticas, Londres: Zed.

Cornwell, T.B. (2008). The impact of tourism on the consumption environment: coping and potential praxis in Malinda, Kenya. *Jornal Africano de Gestão Empresarial.* 2(6), 099-110.

Corpataux, J., & Crevoisier, O. (2007). Teorias económicas e transformações espaciais: clarificar as premissas e os resultados espácio-temporais das teorias económicas. *Revista de Geografia Económica, 7*, 285-309.

Corwell, A. (2008). Unpacking 'participation' models, meaning and practices. *Community Development Journal*. 43(3), 269-283.

Cretu, I. (2011). Destination image and destination branding in transition countries: A campanha de branding do turismo romeno "explore the Carpathian garden". Dissertação de mestrado não publicada, Universidade de York

Crompton, R., & Sanderson, K. (1990). *Gendered Jobs and Social Change. London*: Unwin Hyman.

Gabinete de Turismo do Estado de Cross River (2010). *Tourism in Cross River, the journey so far*. Calabar: Relatório do Projeto Tempo.

Gabinete de Turismo do Estado de Cross River (2013). *Turismo e desenvolvimento em Cross River: The far reaching target*. Calabar. Relatório do Projeto Tempo.

Cuccia, T. & Rizzo, I. (2011). Sazonalidade do turismo em destinos culturais: Empirical evidence from Sicily. *Tourism Management*, 32(3), 589595.

Cullen, B. (1996). Relatório de Revisão do Fundo de Desenvolvimento Comunitário. Agência de Combate à Pobreza, Dublin.

Dallen; J. T. & Gyan; P. N. (2009) *Cultural Heritage and Tourism a Regional Perspective*, Routledge.

Davis, D., Allen, J. & Cosenza, R. M. (1988). Segmenting Local Residents by their Attitudes, Interests and Opinions towards Tourism. *Journal of Travel Research* 27(2), 2-8.

Desenvolvimento na Nigéria, (2010). Pode o turismo ajudar a reduzir a pobreza na Nigéria*? Overseas Development Institute Briefing Paper*, *4,* 12-24.

Dickinson, B. e Vladimir, A. (2007) *Selling the Sea: An Inside Look at the Cruise Industry*, (2nd ed.), John Wiley & Sons, Nova Iorque.

Dieke, P. U. C. (2003). O turismo no desenvolvimento económico de África:

Policy implications. *Management Decision, 41*(3), 287-296.

Dogan, H. (1989) "Forms of Adjustment: Socio-cultural Impacts of Tourism". *Annals of Tourism Research* 16(12), 216-236.

Dolisca, F., McDaniel, J., & Teeter, L. (2007). As percepções dos agricultores em relação às florestas: Um estudo de caso do Haiti. *Forest Policy and Economics,* 9, 704-712.

Donatos, G. & Zairis, P. (1991). Seasonality of foreign tourism in the greek island of Crete (Sazonalidade do turismo estrangeiro na ilha grega de Creta). *Annals of Tourism Research,* 18(3), 515-519.

Douglas, N. (2011). Aplicando o modelo de ciclo de vida à Melanésia. Annals of Tourism Research, 24(1), 1-22.

Dwyer, L., Douglas N. e Livaic, Z. (2004). Estimating the Economic Contribution of a Cruise Ship Visit, *Tourism in Marine Environments*, 1(1), 5-16.

Eja, E.I, Otu, J.E, Ndomah, B.N & Ewa, E.E (2011). O turismo como catalisador do desenvolvimento da indústria hoteleira em Calabar, Nigéria. *E-Review of Tourism Research*, 9(1), 12-22.

Ele, I.E, Ibok, O.W, Antia-Obong, E.A, Okon, I.E & Udoh, E.S. (2013). Análise económica da piscicultura em Calabar, estado de Cross River, Nigéria. *Greener Journal of Agric. Science.* 3(7), 542-549.

Esu, B. B (2008). Perceção, preferência e atitudes dos residentes em relação ao desenvolvimento do turismo: Um caso do Estado de Cross River, Nigéria. International business management 2(2), 42-48

Esu, B. B. and Arrey, V. M. (2009) Tourists' Satisfaction with Cultural Tourism in Cross River State. *Journal of Research in Hospitality, Tourism and Culture 15(1),* 85 - 95.

Esu, B. (2013). Estratégias para aproveitar as oportunidades através do turismo na Nigéria. *Revista de Investigação em Hotelaria, Turismo e Cultura,* 1(1), 1-14.

Esu, B.B & Ukata, S. (2012). Enhancing the tourism value of Cross River state monoliths and stone circles through geo-mapping and ethnographic study (part 1), 3(6), 106-116.

Experiences, a Case Study of Calabar Carnival Festival, Nigéria. *International Fundamental Truths about Tourism*: 2 (1), 25-36.

Fernàndez-Morales, A. & Mayorga-Toledano, M. C. (2008). Concentração sazonal da procura hoteleira na Costa del Sol: Uma decomposição por nacionalidades. *Tourism Management,* 29(5), 940-949.

Fernàndez-Morales, A. (2003). Decomposição da concentração sazonal. *Annals of Tourism Research*, 30(4), 942-956.

Fletcher, J. (2008). Princípios e práticas do turismo: The socio-cultural impacts of tourism, 4th ed., Inglaterra. Inglaterra: Pearson Education Limited.

Formica, S. & Kothari, T.H. (2008). Planeamento estratégico de destinos: Analyzing the future of tourism. *Journal of Travel Research*, 46(4), 355-367.

Frankfort-Nachmias, C. F. & Nachmias, D. (1992). *Research Methods in the Social Sciences* (4ª Ed.). London: Edward Arnold.

Frankfort-Nachmias, C. F., & D. Nachmias (1992). Research methods in the social sciences (4ª Ed.). London: Edward Arnold.

Gallouj, F. (2002). *Innovation in the service economy: the new wealth of nations*. Northampton: Edward Elgar.

Gartner, W. (1996), "Temporal influences on image change", Annals of Tourism

Gartner, W.C. (2004). *Infrastructure.* Em J. Jafari (Ed.), Encyclopedia of Tourism (pp. 309-310). London: Routledge.

Geels, F. W., & Kemp, R. (2007). Dinâmica em sistemas sociotécnicos: Typology of change processes and contrasting case studies. *Tecnologia na Sociedade, 29*(2007), 441-455.

Getz, D. & Nilsson, P. A. (2004). Responses of family businesses to extreme seasonality in demand: O caso de Bornholm, Dinamarca. *Tourism Management,* 25(1), 17-30.

Ghai, D. (1998). *Participatory Development: Some Perspectives from Grass-Roots* Experiences, Genebra: URISD.

Gibson, P. e Bentley, M. (2006) 'A study of impacts - cruise tourism and the south west of England', *Journal of Travel & Tourism Marketing*, Vol. 20, Nos. 3/4.

Glasson, J. (1994) Oxford: A Heritage City under Pressure. *Tourism Management,* 15(2), 137-144.

Glover SK (2006). Understanding the Mysteries behind Megaliths (Compreender os mistérios por detrás dos megálitos). Ross Carbery: Macmillan press.

Glover, P. (2006). *Using Scenario Planning to Identify Potential Impacts of Socio-demographic Change on Aspects of Domestic Tourism Demand.* Universidade de Queensland, Brisbane, Austrália.

Goeldner, C. R., & Ritchie, J. R. B. (2006). *Tourism: Principles, Practices, Philosophies* (10ª Ed.). Hoboken, New Jersey: John Wiley & Sons.

Goodwin, H. (2008): Turismo, Desenvolvimento Económico Local e Pobreza

Redução. *Investigação Aplicada ao Desenvolvimento Económico*, 5(3), 55-64.

Gooroochurn, N. e Blake, A. (2005) 'Tourism immiserization: Fact or fiction? Documento de trabalho FEEM n.º 143.05, Fondazione Eni Enrico Matei.

Gossling, S., Hall, C. M., & Weaver, D. (2008). *Sustainable Tourism Futures: Perspectives on Systems, Restructuring and Innovations*: Routledge.

Govers, R., Go, F.M. & Kumar, K. (2007). Promoting tourism destination image. *Journal of Travel Research*, 46(1): 15-23.

Gray, W. e Liguor, S. C. (2001). *Gestão e Operações de Hotéis e Motéis*. (3rd Ed.) Singapore: Prentice Hall Simon and Schister (Asia) pte Ltd.

Griffiths, G.E (1972). A digressão de Pennant na Escócia em 1769. *The Monthly Review Journal*. 46, 150.

Guan, J. (2008). Tourism, Cultural Survival and Host Ethnic Participation in Napel (Turismo, Sobrevivência Cultural e Participação da Etnia Anfitriã em Napel). *Journal on Travels and Development*. 2 (1), 23-31.

Gunderson, L. H., Folke, C., & Janssen, M. (2006). Generating and Fostering Novelty. *Ecologia e Sociedade, 11* (1), 50.

Hafsi, T., & Zhilong, T. (2005). Towards a theory of large scale institutional change: the transformation of the Chinese electricity industry. *Long Range Planning, 38*(2005), 555-577.

Hall, C. M. & Mc Author, S. (1998). *Integrated Heritage Management, Principle and Practice (Gestão Integrada do Património, Princípio e Prática).* The Stationary office, Londres.

Hall, C. M. (1994). *Gender and Economic Interests in Tourism Prostitution:The Nature, Development and Implications of Sex Tourism in South-East Asia.* Em V. Kinnard e D. Hall (Eds.), Tourism. A Gender Analysis. (pp.142-63). Chichester: John Wiley and Sons.

Hall, C. M. (2000). Turismo: A Personal Speculation. *Tourism Recreation Research,*

Hall, C. M. (2003). Politics and place: An analysis of power in tourism communities, Oxford, Inglaterra, 99-114.

Hall, C. M. (2014). *Turismo e Marketing Social*. London: Routledge.

Hanpachern, R. & Chatkaewnapanon, Y. (2013). Compreender um destino turístico: A tourism history approach. *Revista Internacional de Ciências Sociais Asiáticas*. 3(12), 2399 -2408.

Harrison, D. (1992). *Tourism to Less Developed Countries: The Social Consequences in Tourism and the Less Developed Countries*. Londres: Bellhaven.

Havel, V. (1996). *Reflexões-O que é a participação.* In Havel, V. (1996)

The World Bank participation Sourcebook, The World Bank.

Hemmi, J. (1999).Matkailun globalisaatio ja talous in Saukkonen, P. (1999). *Hospitality Management 3,* 48-57.

Hernandez, J. M., & Leon, C. J. (2007). As interações entre os capitais naturais e físicos no modelo do ciclo de vida do turista. *Ecological Economics, 62*(2007), 184-193.

Hickman, L. (2006) "Is it OK... to go on a cruise? *The Guardian*, terça-feira, 7 de março de 2006.

Higham, J. & Hinch, T. (2002). Tourism, sport and seasons: the challenges and potential of overcoming seasonality in the sport and tourism sectors. *Tourism Management,* 23(2), 175-185.

Higham, J. & Hinch, T. (2002). Tourism, sport and seasons: the challenges and potential of overcoming seasonality in the sport and tourism sectors. *Tourism Management,* 23(2): 175-185.

Hinch, T. & Hickey, G. (1997). Atracções turísticas e sazonalidade: Spatial relationships in Alberta. In *Proceedings of the Travel and Tourism Research Association, Canadian Chapter*, University of Manitoba, Winnipeg, pp. 69-76.

Hinch, T. & Jackson, E. (2000). Investigação sobre os condicionalismos do lazer: Its value as a framework for understanding tourism seasonality. *Current Issues in Tourism,* 3, 87-106.

Hinch, T. e Butler, R. (2007). Tourism and Indigenous People: Issues and implications. Amesterdão, Butterworth- Heinemann publishers.

Hofstede, G. (1984). "The cultural relativity of the quality of life concept" [A relatividade cultural do conceito de qualidade de vida]. *Academy of Management Review 9* (3), 389-398.

Horridge, J. M., & Wittwer, G. (2008). Creating and managing an impossibly large CGE database that is up-to-date. Centro de Estudos Políticos (COPS), Universidade de Monash.

Hovinen, G. (2002). Revisiting the destination lifecycle model. *Annals of Tourism Research, 29*(1), 209-230.

Huang, H. Y. B., Wall, G., & Mitchell, C. J. A. (2007). Creative Destruction: Zhu Jia Jiao, China. *Annals of Tourism Research, 34*(4), 1033-1055.

Huang, Y. H. & Stewart, W. P. (1996). Rural Tourism Development: Shifting Basis of Community Solidarity. *Journal of Travel Research,* 35(4), 26-31.

Huh, J. (2002) *Tourist Satisfaction with Cultural Heritage Site*: The Virginia Triangle.http://www.scholar.lib.vt.edu

Ibok, O.W, Bassey, N.E, Atairet, E.A & Obot, O.J (2014). Determinantes da segurança alimentar entre as famílias urbanas de produtores de alimentos no estado de Cross River, Nigéria. *Jornal Asiático de Agric. Extension, Economics and Sociology,* 3(1), 77-90.

Ikpi, G.U. Jenyo-Oni, A. & Offem, B.O (2012). Taxa de captura, distribuição, biologia trófica e reprodutiva da carpa africana labeo na cascata de Agbokim, Nigéria. *Revista de Pesca e Aquacultura*, 38(1), 1-13.

Organização Internacional do Trabalho (OIT) (1991). *Convenção relativa aos Povos Indígenas e Tribais em* Países *Independentes* (OIT n.º 169), 72 ILO Offical Bull. 59. *Entrou em vigor.*

5 a 7 de setembro.

Inthaphome, P. (2009). Os impactos do turismo no Laos: Dissertação. Um guia para Luang.

Ivanovic, Z., & Baldigara, T. (2007). Processos logísticos num destino turístico. *Tourism and Hospitality Management, 13*(3), 595-606.

Jamal, T. B. & Getz, D. (1995). *Community roundtables for tourism related conflicts: The dialectics of consensus and process structures* in B. Bramwell & B. Lane (eds), Tourism collaboration and partnerships: politics, practice and sustainability.159-173). Clevedon, Reino Unido: Channel view publications.

Jamieson, W. (2003). *Um manual para a gestão da água e dos resíduos: O que a indústria do turismo pode fazer para melhorar o seu desempenho.* Programa das Nações Unidas para o Ambiente (PNUA), Paris.

Janelle, D. G. (2004). Tempo-espaço em Geografia. *International Encyclopaedia of the Social & Behavioral Sciences*, 15746-15749.

Jang, S. (2004). Mitigating Tourism Seasonality: A quantitative Approach. *Annals of Tourism Research,* 31(4), 819-836.

Jennings, M. (1995). New Challenges for Northern NGO's in Trocaire Development Review 1995, (pp.13-27), Trocaire, Booterstown, Co. Dublin.

Jin, X. (2011). Preferência pela marca de exposição na China continental: The role of relationship quality and destination attractiveness. Repositórios institucionais de Hong Kong, Tese, XVI (308).

Jones, P.S. (2003). Urban regeneration's poisoned chalice: Is there an impasse in community participation based policy? *Urban Studies*. 1(2), 56-62.

Kamauro, O. (2007). *Ecoturismo: Suicídio ou Desenvolvimento?*: Vozes de África: Desenvolvimento sustentável, Serviços de Ligação Não-Governamental da ONU. Serviço de Notícias das Nações Unidas.

Karanasios, S. & Burgess, S. (2008). Tourism and internet adoption: A developing world perspective. *International Journal of Tourism Research*, 10(2), 169-182.

Kelly, I. (2002). Australian Regional Tourism Handbook; Industry Solutions, 2002. Recuperado em 7 de dezembro de 2014, de http://www.crctourism.com.au/.

Kenrick, D. (2010). *Reconstruir a pirâmide de Maslow numa base evolutiva. Psychology today: Saúde, ajuda, felicidade: Encontrar um terapeuta*. Recuperado em 16 de julho.

Kenrick, D.T., Griskevicius, V., Neuberg, S.L., & Schaller, M. (2010). *Renovando a pirâmide das necessidades: Extensões contemporâneas construídas sobre fundações antigas.* Perspectivas da ciência psicológica, 5. Recuperado em

16 de julho de 2014.

Khadaroo, J., & Seetanah, B. (2007). Transport Infrastructure and Tourism Development. *Annals of Tourism Research, 34*(4), 1021-1032.

Kibicho W (2003). Tourism and the Sex Trade in Kenya's Coastal Experiences, A Case Study of Nairobi Carnival Festival, Kenya. *International Fundamental Truths about Tourism*: 2 (1), 25-36.

Kibicho, W. (2005). Community tourism: a lesson from Kenya's coastal region, *Journal of Vacation Marketing*, 10 (1), 33-42.

Kigoth, W. (2000). Gaining Ground. Business in Africa, 1, 16-17.

Kiphing, N. e Wolf, R. I. (2003). Transportation and Politics, Nova Iorque: D. Van Nostrand Company Inc.

Koc, E. & Altinay, G. (2007). An analysis of seasonality in monthly per person tourist spending in Turkish inbound tourism from a market segmentation perspective. *Tourism Management,* 28(1), 227-237.

Koenig, N. & Bischoff, E. (2005). Investigação sobre a sazonalidade: The state or the art. *International Journal of Tourism Research,* 7(4/5), 201-219.

Koens, J. F., Dieperink, C. e Miranda, M. (2009) Ecotourism as a Development. *Journal of Business and Management,* 4 (3), 116 - 125

Kohn, A. (1996). Para além da *disciplina: From Compliance to Community (Da Conformidade à Comunidade*). Alexandria, Va.: ASCD.

Korstanje, M (2007). A origem e o significado do turismo: Etymological study. *E Review of Tourism Research*, Vol.5 (5), 100-108.

Kotlinski, W. (2004). O papel do governo no estímulo ao desenvolvimento do turismo nacional: o caso da Polónia. Em D. Hall (Ed.), *Tourism and Transition: Governance, Transformation and Development* (pp. 65-72). Wallingford: CABI.

Kozark, M. e Rimmington, M. (2000) Tourist satisfaction with Mallorca, Spain, as an off season holiday destination. *Journal of Travel Research,* 38, 260-269

Krippendorf, J. (1987). *The holiday makers: Understanding the impacts of leisure and travel.* Oxford: Butterworth-Heinemann.

Kruk, E. (2007) Mountain tourism in Nepal: From impact to sustainability. Centro internacional para o desenvolvimento integrado das montanhas, Khumaltar, Nepal.

Lane, H. E. e Hartesvelt, M. (2003) Englewood Cliffs New Jersey: Prentice Hall
Ross, J. E. e Kamie, M. J. (2005). "Strategic Thinking: Key to Corporate Survival". *Management Review,* fevereiro, 20655, Pp.9.

Lankford, S. V. & Howard, D.R. (1994). Developing a Tourism Impact Attitude Scale. *Annals of Tourism Research.* 21, 121-139.

Lansing, P. & Vries, P.D. (2007). Turismo sustentável: Alternativa ética ou jogada de marketing? *Journal of Business Ethics.* 72, 77 - 85

Larry, E. (2005). A visão e a política de turismo do Estado de Cross River Mofinews, 3 (44), 48-49

Lasanta, T., Laguna, M. & Vicente-Serrano, S. M. (2007). Contribuem as estações de esqui turísticas para o desenvolvimento homogéneo da região?

montanhas mediterrânicas? Um estudo de caso nos Pirinéus Centrais de Espanha. Tourism Management, 28(5), 1326-1339.

Lasanta, T., Laguna, M. & Vicente-Serrano, S. M. (2007). Contribuem as estações de esqui turísticas para o desenvolvimento homogéneo das montanhas mediterrânicas? Um estudo de caso nos Pirinéus Centrais de Espanha. *Tourism Management,* 28(5), 1326-1339.

Lasker, R. D., Weiss, E. S., & Miller, R. (2001). Partnership synergy: A practical framework for studying and strengthening the collaborative advantage. *The Milbank Quarterly*, 79(2), 179-205.

Lawton, I.J & Weaver, D.B. (2014) Utilizar a investigação sobre a perceção dos residentes para informar o planeamento e a gestão do turismo sustentável: Um estudo da semana escolar da costa dourada, um evento turístico controverso. *Journal of Sustainable Tourism*. 2(2), 467-476.

Lee, C.-C., & Chien, M.-S. (2008). Structural breaks, tourism development, and economic growth: Evidence from Taiwan. *Mathematics and Computers in Simulation, 77*(4), 358-368.

Lee, C.K. & Kang, S. (1998). Measuring earnings inequality and median earnings in the tourism industry. *Tourism Management*, 19(4), 341348.

Leena, K., Tuula, R. & Heikki, H. (2013). Indicadores dos critérios para uma boa participação no planeamento do Ecoturismo a nível local: Um estudo de caso nórdico. *Journal of Sustainable Tourism*, 10(4), 451-466.

Leiper, N (1983). An etymology of tourism. Annals of Tourism Research, 2(10). Nova Iorque: Pergamon press.

Leksakundilok, A. (2006). *Community Participation in Ecotourism Development in Thailand (Participação da Comunidade no Desenvolvimento do Ecoturismo na Tailândia).* Universidade de Sydney. Geociências.

Leones, J. (1995). Tendências do Turismo e Impactos Económicos Rurais.

Consumer Profiles & TourismTrends. [Em linha]Disponível: http://ag.arizona.edu/arec/pubs/dmkt/TourismTrends.pdf

Levy D. E & Lerch P. B. (1991). Tourism as a fator in development: implications for gender and work in Barbados. Tourism and *Gender Issues. 5,* 67-85

Lew, A. A (2008). Long tail tourism: New geographies for marketing niche tourism products. *Journal of Travel and Tourism Marketing*. 25 (34), 409-419.

Li, W. (2005). Tomada de decisões comunitárias: Participação no desenvolvimento. *Annals of Tourism Research, 33* (1), 132-143.

Li, Y. (2004). Explorando o turismo comunitário na China: o caso da zona turística de Nanshan
tourism zone, *Journal of Sustainable Tourism*, 12 (3), 175-193.

Lim, C. & McAleer, M. (2001). Variações sazonais mensais: Asian tourism to Australia. *Annals of Tourism Research,* 28(1), 68-82.

Long, L. (2007). *Turismo culinário* (2nd. Ed.). Lexington: University Press of Kentucky.

Loo, T. & Davies, G. (2006), "Branding China: The Ultimate Challenge in Reputation Management?". Corporate Reputation Review, 9(3), 198210.

Lubick, N. (2004). Petra: Uma cidade antiga em erosão. *Geotimes*, edição de junho de 2004. Recuperado em 21 de dezembro de 2013.

Lucas, R. (2003). Anticipating and Adjusting to the National Minimum Wage in the *Hospitality and Clothing Industries Policy Studies*, 24(1), 33-50.

Lundberg, C., Gudmundson, A. & Andersson, T. D. (2009). Herberg's Two-Fator Theory of work motivation tested empirically on seasonal workers in hospitality and tourism. *Tourism Management,* 30(6), 890- 899.

Lundie, S., Dwyer, L., & Forsyth, P. (2007). Environmental-Economic Measures of Tourism Yield. *Journal of Sustainable Tourism, 7*(5), 503-517.

Ma, P.W & Yeh, C.J (2010). Factores individuais e familiares que influenciam os planos educativos e de carreira dos jovens imigrantes chineses. *Career Development Quarterly*, 2(1), 32-43.

Maccoby, M. (1988). *Porquê trabalhar: Leading the New Generation.* Nova Iorque: Simon e Schuster.

Macnaghten, P., & Jacobs, M. (1997). Identificação pública com o desenvolvimento sustentável: Investigating Cultural Barriers to Participation. *Global Environmental Change, Human and Policy Dimensions, 7*(1).

Majanen, T. (2007). Resource use conflicts in Mabini and Tingloy (Conflitos na utilização de recursos em Mabini e Tingloy). *The Philippines Marine Policy,* 31(4), 480-487.

Mak, J. (2008). Taxing Cruise Tourism: Alaska's Head Tax on Cruise Ship

Passengers, *Tourism Economics,* 14 (3), 599-614.

Declaração de Manila sobre o Turismo Mundial (1980). Conferência Mundial do Turismo, Manila, Filipinas.

Markusen, A. & Schrock, G. (2006). "The Artistic Dividend: Urban Artistic Specialization and Economic Development Implications". *Urban Studies,* 43(10), 1661-1686.

Markusen, A. (2004). "Targeting Occupations in Regional and Community Economic Development". *Journal of the American Planning Association.* 70 (3), 253-268.

Markusen, A. (2006). Planeamento cultural e a cidade criativa. Trabalho apresentado nas reuniões anuais das American Collegiate Schools of Planning, Ft. Worth, Texas, (12 de novembro de 2006).

Marrison, A. (2004). *The Family Business in Tourism and Hospitality.* Wallingford. CABI.

Martens, P., & Rotmans, J. (2005). Transições num mundo globalizado. *Futures, 37*(2005), 1133-1144.

Marzuki, A. (2011). Atitudes dos residentes face ao impacto do desenvolvimento do turismo na ilha de Langkawi, Malásia. *Journal of World Applied Sciences.* 12, 25-34.

Maslow, A. H. (1976). *The Farther Reaches of Human Nature.* New York: Penguin.

Maslow, A.H. (1943). "A Theory of human motivation," *Psychological review* 50(4), 70- 96.

Maslow, Abraham (1954). *Motivation and Personality.* Nova Iorque: Harper. 236. ISBN 0-06 041987-3.

Mason, D. A. (2004). *Tourism Environment and Development.* East Bourn Manor Park Press.

Mathieson, A., & Wall, G. (1992). *Tourism. Impactos económicos, físicos e sociais*. Essex: Addison Wesley Longman Limited.

Matthews, H. (2003). Children and regeneration: setting an agenda for community participation and integration. *Children and Society,* 2(1), 23-42.

May, R. (1982). "O problema do mal: uma carta aberta a Carl Rogers". *Journal of Humanistic Psychology* 22, 10-21.

May, R. M. (1982). Modelos matemáticos simples com dinâmicas muito complicadas. *Nature, 261*(1976), 459-471.

Mbabazi, S. (2013). Contribuição do turismo para o desenvolvimento sustentável em Kampala, Uganda. (from: www.giz.de/.../de/.../en-tourism contribution-sustainability-development.

Mbaiwa, J. E. (2003), "The socio-economic and environmental impacts of tourism development on the Okavango Delta, Botswana". *Journal of Arid Environments, 54, 447-467.*

McBoyle, G. e McBoyle, E. (2008) "Distillery marketing and the visitor experience: a case study of Scottish malt whisky distilleries", International Journal of Tourism Research, 10, 71-80.

McCool, S. F., & Martin, S. R. (1994) Community Attachment and Attitudes toward Tourism Development. Journal of Travel Research. 32(3), 29-34.

McDonald, J. (2006). *Understanding Sustainable Tourism Development from a Complex Systems Perspective: a case study of the Swan River Western Australia.* Universidade Edith Cowan.

McGregor, T. (2001). South Australian community Survey. *Asian Journal of Social Science* 12 (2), 45-53.

McIntosh, R. W., Goeldner, C. R & Ritchie, J. R. (1995). *Tourism: Principles, Practices, Philosophies* (7ª Ed.). New York: Wiley. McKercher, B.

McKercher, B. (2008). Transformação de segmentos no turismo urbano. *Tourism*

Management, 29(6), 1215-1225.

McKercher, R. (2008b) Cultural tourism: the partnership between tourism and cultural heritage management. Binghamton.

McLennan, C. (2005). *Managing the Regional Tourism Transformation Process, Part 1: scoping the Gold Coast tourism economy.* Griffith University, Gold Coast.

Metelska-Szaniawska, K. (2008). Constituições e reformas económicas em transição: um estudo empírico. *Economia Política Constitucional, 20*(2009), 1-41.

Miles, M. B. & Huberman, A. M. (1994) *Qualitative Data Analysis: An Expanded Sourcebook* (2ª Ed.). Londres: Sage.

Miller, C. (2005). "O mundo do espelho do dinheiro sem fins lucrativos: Managing in For Profits' Shadow Universe". *Nonprofit Quarterly,* 121, de http://www.nonprofitquarterly.org/section/704.html

Milman, A. & Pizam, A. (1988) Social Impacts of Tourism on Central Florida *Annals of Tourism Research* 15, 191-204.

Miranda, E. M. (2007). *Injunções de gangues e participação da comunidade.* Universidade do Sul da Califórnia.

Mishler, W., & Rose, R. (2007). Generation, Age, and Time: The Dynamics of Political Learning during Russia's Transformation Generation, Age, and Time: The Dynamics of Political Learning during Russia's Transformation. *American Journal of Political Science, 51*(4), 822-834.

Universidade Estadual do Missouri (2010). O que é o Património Cultural? <anthropology.missouristate.edu/46303.htm>

Mitchell, R. D. & Hall, C. M. (2003). Seasonality in New Zealand winery visitation: An issue of demand and supply. *Journal of Travel & Tourism Marketing*, 14(3/4), 155-173.

Mitchell, S.M & Shortell, S.M. (2000). The governance and management of effective community health partnerships: A typology for research, policy and practice. *Milbank Quarterly*. 2(3), 121-132.

Mohammadi, M, Zainab, K. e Hasan, H. (2010). Participação da população local no desenvolvimento do turismo. *Asian Journal of Social Science*. 6 (11), 220-225.

Mohammadi, M., Khalifah, Z., & Hosseini, H. (2010). Percepções da população local sobre os impactos sociais, económicos e ambientais do turismo em Kermanshah (Irão). *Asian Social Science*, 6(11) 220-225.

Morachat, C. (2003). *A Study of Destination Attractiveness through Tourists' Perspectives: A Focus on Chiang Mai, Thailand*. Retirado de http://ro.ecu.edu.au/theses/1504

Morakabati, Y. (2007). Tourism travel risk and travel risk perceptions: A study of travel risk perceptions and the effects of incidents on tourism. Tese da Universidade de Bournemouth (não publicada).

MOTA. (2009). Boletim Estatístico de 2009. Departamento de Estatística do Ministério do Turismo e Antiguidades. Recuperado em 20 de abril de 2014

MOTA. (2010). Boletim Estatístico de 2010, publicado pelo Departamento de Estatística do Ministério do Turismo e Antiguidades.

Recuperado em 20 de abril de 2014.

Mowforth, M., & Munt, I. (1998). *Tourism and sustainability: Development and new tourism in the Third World* (2ª Ed.). London: Routledge.

Moyle, B. D., Croy W. G. & Weiler, B. *(2010)*. Community Perceptions of Tourism Impacts on Bruny and Magnetic Islands, *Asia Pacific Journal of Tourism Research*.

Mrnjavac, E., & Ivanovic, S. (2007). Logística e processos logísticos num destino turístico. *Tourism and Hospitality Management, 13*(3), 531-546.

Muangyai, N. (2008). *Paisagens culturais e plano de gestão para o turismo cultural e histórico em palácios do reinado do Rei Rama-Vis*. Universidade de

Silpakorn.

Mugbil, I. (2009). *Turismo indígena:* mais em jogo do que apenas "turismo". ITB belin, comunicado de imprensa especial.

Murphy, P. E. & Andressen, B. (1988). Tourism Development on Vancouver Island: An Assessment of the Core-Periphery Model. *The Professional Geographer* 40, 32-42.

Murphy, P. E. (1985). Tourism: A Community Approach. London: Routledge.

Mustafa, M.H e Abu Tayeh, S. N (2011). The impact of Tourism development on the Archaeological site of Petra and local communities in surrounding villages (O impacto do desenvolvimento do turismo no sítio arqueológico de Petra e nas comunidades locais das aldeias circundantes). *Asian Journal Social Science*, 7 (8), 88-96.

Comissão Nacional da População (2006), *Nigerian Population and Housing Census Figures*, Imprensa do Governo Federal, Lagos.

Nepal, S. K. (2007). Tourism and Rural Settlements: Nepal's Annapurna Region. *Annals of Tourism Research, 34*(4), 855-875.

Corporação de Desenvolvimento do Turismo da Nigéria. (2007). Nigeria Tourism Development Corporation (NTDC) Guide for Local Authorities on developing sustainable tourism (Guia para as autoridades locais sobre o desenvolvimento do turismo sustentável).

Njar, G. N. (2012). Análise da relação entre a expetativa dos turistas sobre os atributos do património e a satisfação no festival de carnaval do Estado de Cross River, Nigéria. *Planning Environment and Tourism.* (2)8, 19.

Nuryanti, W. (1996). Heritage and postmodern tourism. *Annals of Tourism Research*, 23, 249-260.

Nuryanti, W. (1996). Heritage and Postmodern Tourism. *Annals of Tourism Research*, 23, 249-260.

Nwakonobi, G. (2004). *Current issues in tourism planning and development.* Owerri: Cel-Bez publishers.

Nzama, A.T. (2008). Impacto sociocultural do turismo nas zonas rurais dos sítios do património mundial: O caso de kwazulu-Natal, África do Sul. *South Asian Journal of Tourism Heritage.* 1 (1), 1- 8.

Oduaran, A.B. (1998). Education against environmental pollution in Nigeria (Educação contra a poluição ambiental na Nigéria). *Environmental Convergence,* 22(4), 55-62.

Odunsanwo, A. (2009). *Tourism Education:* Passport to sustainable tourism development in Nigeria. Port Harcourt: Garden bar publishers.

OCDE (2007) Enhancing the role of SMEs in Global value chains. [Internet]. Disponível em: http://www.oecd.org/dataoecd/27/43/38900592.pdf. [Acedido em 10/12/2014].

Ogorelc, A. (2009). As percepções dos residentes sobre os impactos do turismo e o desenvolvimento do turismo sustentável. *Revista Internacional de Economia Sustentável, 1, 373-387.*

http://dx.doi.org/10.1504/IJSE.2009.024763.

Ohen, S.B. & Ajah, E.A (2015). Análise de custo e retorno na produção de arroz em pequena escala no estado de Cross River, Nigéria. Jornal de Investigação Internacional de Agric. Science and soil science. 5(1), 22-27.

Okech, R. N. (2008). Desafios enfrentados pelos povos indígenas: Focus on Ecotourism. Relatório apresentado no Fórum Social Mundial, Maseno.

Olojessusi, F. (2005). The Constraint of Tourism development in Nigeria. The Case Study of Bauchi and Ogun State NISER Ibadan.

Olsen, D. A. (2003). "The Touristic Construction of the 'emblematic' Sami" Act Borealia, 20(1), 3-20.

Ormsby, A. e Mannle, K. (2006). Ecotourism benefits and the role of local guides at Masola National park, Madagascar. *Journal of Sustainable Tourism,* 14(3), 271-287.

Osuchukwu, N.C & Osuchukwu, E.C. (2011). Prevalência do abuso de álcool na área governamental local de Calabar-south, estado de Cross River. *Jornal Global de Ciências Médicas.* 10(1&2), 32-41.

Page, S. J. (2007). Gestão do Turismo, Gerir para a Mudança. 2ª Edição. Publicado por Elsevier Ltd. Oxford, Reino Unido.

Papatheodorou, A. (2004). Exploring the evolution of tourism resorts. *Annals of Tourism Research, 31*(1), 219-237.

Parker, A. (1995). Decentralization*: The way forward for rural development.* Washington World Bank Press.

Parrilla, J. C., & Font, A. R. (2007). Turismo e crescimento a longo prazo: A Spanish Perspective. *Annals of Tourism Research, 34*(3), 709-726.

Patton, C. V. & Stabler, K. E. (1979). The Small Town in the Urban Fringe: Conflicts in Attitudes and Values. *Journal of the Community Development.* 10, 83-93.

Pavlovich, K. (2003). The evolution and transformation of a tourism destination network: the Waitomo caves, New Zealand. *Tourism Management, 24*, 203-216.

Fundo Nacional de Petra. (2011). Um mapa de Petra. [Online] disponível em: http://petranationaltrust.org. (7 de março de 2014)

Phoummasak, K.,Kongmanila, X. & Changchun, Z. (2014). O impacto socioeconómico do turismo e dos empresários na província de Luang Prabang, Laos PDR. *Revista Internacional de Negócios e Gestão*, 9(12), 275-284.

Picard M. (1990). Cultural tourism in Bali: cultural performance as tourist attractions. *Indonesia Tourism Research,* 49, 37-47.

Picard, M. (2008). Turismo Cultural em Bali: Integração Nacional e Diferenciação Regional. In: M. Hitchcock, V.T. King & M.J.G. Parnwell (eds.*)*

Tourism in South-East Asia, (pp 71-98). London: Routledge.

Pike, S. (2010). Estudo de caso de branding de destino: Tracking Brand Equity for an Emerging Destination between 2003 and 2007. *Journal of Hospitality and Tourism Research, 34*(1), 124-139.

Pizam, A. (1978). Impactos do turismo: The Social Costs to the Destination Community as Perceived by its Residents. *Journal of Travel Research*, 16(4), 8-12.

Pizam, A., e Pokela, J. (1985). The Perceived Impacts of Casino Gambling on a Community. *Annals of Tourism Research* 12, 147 165.

Pizam, A., Reichel, A. e Stein, C. F. (1982). Tourism and Crime: Is there a Relationship? *Journal of Travel Research*, 20(3), 7-10.

Popesku, J., & Hall, D. (2004). Sustainability as the basis for future tourism development in Serbia. Em D. Hall (Ed.), *Tourism and Transition: Governance, Transformation and Development* (pp. 95-104). Wallingford: CABI.

Power, D. (2002). Cultural Industries in Sweden; An assessment of their place in the Swedish Economy". *Economic Geography,* 78 (2), 103-127.

Prentice, R. (1993). Tourism and Heritage Attractions. New York: Routledge Kegan Paul.

Prentice, R. (2007). Strategic management for tourism Countries: bridging the gaps, tourism, 23, 363-377.

Ratz, T. (2003). O impacto sócio-cultural do turismo, caso do Lago Balaton, Hungria. Online: http: //www.ratzamara.com/balimp.html . (Recuperado em maio, 2014)

Reed (2007). Despesas com exposições atingem 10 mil milhões de dólares em 2006. Recuperado em 20 de fevereiro de 2014, de: http://www.reedexpo.com.cn/en/News/ShowInfo.aspx?ID=540 Region. J. Sustain Tourism, 13(3), 256-280.

Reid, D. (2002). Cultural tourism: Learning from the past. Em J. Akama e P. Sterry (eds) *Cultural Tourism in Africa: Strategies for the New Millennium*. Actas da Conferência Internacional ATLAS África, dezembro de 2000, Mombassa (pp. 25-34). Arnhem: ATLAS.

Reid, D. G. (2000). Tourism, Globalization and Development: Responsible Tourism Planning (Pluto Press, Londres). *Investigação (apresentada* em *1-5 de fevereiro de 1000),* Universidade La Trobe, Campus de Mt. Buller. *Investigação,* 13, 635-644.

Ritchie, J. R. B. & Crouch, G. 1. (2000). Are destination stars born or made: Must a competitive destination have star genes? Proceedings of Travel and Tourism Research Association USA, 31, 306-315.

Ritchie, J. R. B., & Crouch, G. I. (2000). O destino competitivo: Uma perspetiva de sustentabilidade. *Tourism Management, 21*(1), 1-7.

Ritchie, J.R, Amaya Molinar, C. & Frechtling, D.C (2011). Impactos da recessão mundial e da crise económica no turismo: North America. *Journal of Travel Research*, 49(1), 5-15.

Roberts, L. (2004). Acumulação de capital - turismo e processos de desenvolvimento na Europa Central e Oriental. Em D. Hall (Ed.), *Tourism and Transition: Governance, Transformation and Development* (pp. 53-64). Wallingford: CABI.

Roberts, L., & F. Simpson. (1999). Desenvolvimento de abordagens de parceria para o turismo na Europa Central e Oriental. *Journal of Sustainable Tourism,* 7, 314-330.

Robinson, H. (2006). *Geography of Tourism*. Londres: MacDonald and Evans.

Rondinelli, D. (2000). Instituições e desenvolvimento do mercado: *Capacity building for economic and social transition* (-Working Paper IPPRED-14.). Genebra: OIT

Rondinelli, D., Nellis, R., John, S., G, & Shabbir. (1986). *Decentralization in*

Developing Countries: A Review of Recent Experience, Washington: Banco Mundial, Staff Working Paper,.58

Rosselló, J., Riera, A. & Sansó, A. (2004). The economic determinants of seasonal patterns. *Annals of Tourism Research,* 31 (3), 697-711.

Rutten, M. (2004). *Park beyond Parks. Genuine Community-based Widlife Eco-tourism or Just another Loss of Land for Masaai Pastoralists in Kenya. Documento temático 111*. Londres: Instituto Internacional para o Ambiente e o Desenvolvimento.

Ryan, C. (1991). Recreational Tourism: A Social Science Perspective. London: Routledge.

Ryan, C., e Montgomery, D. (1994). The Attitude of Bakewell Residents to Tourism and Issues in Community Tourism. *Tourism management* 15, 358-369.

Saarinen, J. (2004). Destinos em mudança': O processo de transformação dos destinos turísticos. *Estudos Turísticos, 4*(2), 161-179.

Saarinen, J., & Kask, T. (2008). Transforming tourism spaces in changing socio-political contexts: the case of Parnu, Estonia, as a tourist destination. *Tourism Geographies, 10*(4), 452-473.

Said, E. (1997) *Orientalism*. Londres: Routledge

Saufi, A., O'Brien, D. & Wilkins, H. (2013). Inibidores da participação da comunidade anfitriã no desenvolvimento do turismo sustentável nos países em desenvolvimento. *Journal of Sustainable Tourism,* 22(5), 801-820.

Scheyvens, R. & Momsen, J. H. (2008). *Tourism and Poverty Reduction (Turismo e Redução da Pobreza): Issues for small Island States. Tourism Geographies*, 10(1), 22-41.

Scheyvens, R. (2002). *Turismo para o desenvolvimento:* Empowering communities. London: Prentice Hall.

Schianetz, K., Kavanagh, L., & Lockington, D. (2007). The Learning Tourism

Destination: The potential of a learning organization approach for improving the sustainability of tourism destinations. *Tourism Management, 28*, 1485-1496.

Schofield, P. (2004). Positioning the tourism product of an emerging industry: image, resources and politics in Kyrgyzstan. Em D. Hall (Ed.), *Tourism and Transition: Governance, Transformation and Development* (pp. 105 - 118). Wallingford: CABI.

Schweitzer, A. (2007). Teorias do capitalismo controlado. *Kyklos, 9*(4), 492507.

Scott, N., Cooper, C., & Baggio, R. (2008). Destination Networks: Four Australian Cases. *Annals of Tourism Research, 35*(1), 169-188.

Seliger, B. (2002). Toward a More General Theory of Transformation (Para uma teoria mais geral da transformação). *Eastern European Economics, 40*(1), 36-62.

Sergeyev, A., & Moscardini, A. (2006). Governação das transições económicas: um estudo de caso da Ucrânia. *Kybernetes, 35*(1/2), 90-107.

Sharpley, R. (1994). Tourism, Tourists and Society (Turismo, Turistas e Sociedade). Huntingdon: ELM.

Sheldon, P. J. & Var, T. (1984). Resident Attitudes to Tourism in North Wales (Atitudes dos residentes em relação ao turismo no Norte do País de Gales). *Tourism Management* 5, 40-47.

Sia, J. (2011). Os impactos socioculturais do turismo em Salah, Malásia. *Revista Internacional de Hospitalidade e Turismo para estudantes*, 3(2), 114.

Simoni, S. & Mihai, D. (2012), "Tourism Organization and Coordination in Australia and the Managerial Strategy for Tourism Development",

Revista de Gestão do Conhecimento, Economia e Informação

Tecnologia, Número 5, Disponível em:

www.scientificpapers.org/.../1319_Simoni_Mihai_Tourism_Organiza tion...

Simpson, M. C. (2007). *Community Benefit Tourism Initiative-* A concetual Oxymoron. Reino Unido: Oxford publishers.

Sindiga, I. (1999). *Tourism and African Development: Change and Challenge of Tourism in Kenya.* Hampshire: Ashgate.

Sindiga, I. (2005), "Wildlife-based tourism in Kenya: Land use conflicts and government compensation policies over protected areas", *The Journal of Tourism Studies,* 6(2).

Skyttner, L. (2006). *Teoria Geral dos Sistemas: Problems, Perspectives, Practice* (2ª Ed.). Hackensack, NJ: World Scientific Publishing Company.

Smith, R. A. (1991). Beach resorts: Um modelo de evolução do desenvolvimento. *Landscape and Urban Planning, 21*(1991), 189-210.

Songorwa, A. N. (1999). Community-based wildlife management (CWM) in Tanzania: are communities interested? *World Development*, 27 (12), 2061-2079.

Sorenson, T., & Epps, R. (2003). The role of tourism in the economic transformation of the Central West Queensland Economy. *Australian Geographer, 34*(1), 73-89.

Spanon, E. (2007), "The Impact of Tourism on the Sociocultural Structure of Cyprus", *Tourismos: an International Multidisciplinary Journal of Tourism*, (1), 145-162.

Spencer, D. M. & Holecek, D. F. (2007). Caraterísticas básicas do mercado de turismo de outono. *Tourism Management,* 28(2), 491-504.

Spitzer, D. R. (2007). *Transforming Performance Measurement: Rethinking the way we measure and drive organisational success*. Nova Iorque: American Management Association (AMACOM).

Srithammasak, N. (2010). Conservação da comunidade de Kudijeen para o turismo cultural. Universidade de Silpakorn.

Comissão de Planeamento do Estado (2008). Estratégia de Desenvolvimento e Empoderamento Económico do Estado de Cross River-2 (CR-SEEDS 2) 20092012 (Zero Draft for Public Comments). Calabar: Comissão Estatal de

Planeamento. p.150.

Estratégia: Experiências da Costa Rica. Sustainable *Environmental Development,* 11, 1225- 1237, Missouri State University (2010) what is Cultural Heritage.

Stronza A. (2001). *"Porque é nosso:" Ecoturismo de Base Comunitária na Amazónia Peruana*. Universidade da Flórida, Gainesville, Flórida. *Ann. Tourism Res.* 29 (1), 231-253.

Swain M. B. (1989). Papéis de género no turismo indígena: Kuna Mola, Kuna Yala, e sobrevivência cultural, 83-104

Swain MB. (1995). Gender in tourism. *Annals Tourism Resource.* 22, 247-266

Swarbrooke, J. (1999) *Sustainable Tourism Management* Wallingford: CABI Publishing.

Takahashi K, Sakamoto A. (2000). Avaliação das relações sociais em adolescentes e adultos: Construção e validação da escala de relações afectivas. *International Journal of Behavioral Development* 24, 451-463.

Takahashi K. (2001). Serão os pressupostos-chave do procedimento da "situação estranha" universais? Uma perspetiva da investigação japonesa. *Desenvolvimento Humano* 33, 23-30.

Tang, T. L. P., & West, W. B. (1997). The importance of human needs during peacetime, retrospective peacetime, and the Persian Gulf War. Jornal Internacional de Gestão do Stress, 2(4), 24-32.

Tay, L. & Diener, E.D. (2011). "Needs and Subjective Well-Being around the World" [Necessidades e bem-estar subjetivo em todo o mundo]. *Journal of Personality and Social Psychology*, 101 (2), 354-365.

Taylor Jr., H. L., & McGlynn, L. (2009). International tourism in Cuba: Can capitalism be used to save socialism? *Futures, 41*(6), 405-413.

Taylor, G. (2008). *Evolutions Edge: The coming collapse and transformation of our world.* Canadá: New Society Publishers.

Taylor, P., McRae-Williams, P., & Lowe, J. (2007). The determinants of cluster activities in the Australian wine and tourism industries. *Tourism Economics, 13*, 4.

Tearfund, (2002). *World Apart* - A call to responsible global tourism? (10.01.2014).

Terkenli, T., Bellas, M. & Jenkins, L. (2007). Impacto do turismo no local: continuidade e mudança sociocultural em Creta. *Aegean Geographical Journal*, 16, 37-52.

Theobald, W. F. (1998). Global tourism (2nd Ed.) Oxford Butterworth-Heinemann, pp. 6-7.

Theocharous, A. (2004). The impact of political instability on the tourism industries of selected Mediterranean destinations: a neural network approach. Em D. Hall (Ed.), *Tourism and Transition: Governance, Transformation and Development* (pp.147-168). Wallingford: CABI.

Thompson, J. (2005). Abordagens participativas nas burocracias governamentais: Facilitando um processo de mudança institucional. *World Development,* 23(9), 1521-1547.

Timothy, D. J. (1999). Participatory planning: A view of tourism in Indonesia, *Annals of Tourism Research*, 26 (2), 371-391.

Tomoko, T., & Samuel, M. (2009). Impacto económico e social do turismo numa pequena cidade: Peterborough New Hampshire. *Jornal de Investigação Científica e Gestão, 2,* 61-70.

Tosun, C. (2000). Limits to community participation in the tourism development process in developing countries, *Tourism Management*, 21 (2), 613-633.

Tosun, C. (2001) Limits to community participation in the tourism development process in developing countries. *Tourism Management.* 21, 56-70.

Tosun C. (2002). Percepções do anfitrião sobre os impactos: A comparative tourism

Tosun, C. (2006). Expected Nature of Community Participation in Tourism Development. *Journal of Tourism Management,* 27 (3), 493-504.

Tosun (2009). As realidades do desenvolvimento do turismo na comunidade de Gawler.

Tsundoda, T & Mendlinger, S. (2009). Impacto económico e social do turismo numa pequena cidade: Peterborough, New Hampshire. *Journal of Service Science and Management*, (2), 61-70.

Udensi, L.O, Udoh, O.S., Daasi, L.K. & Igbara, F.N (2012).Liderança comunitária e desafios do desenvolvimento comunitário na Nigéria: O caso da Área de Governo Local de Boki, estado de Cross River. *Revista Internacional de Desenvolvimento e Sustentabilidade,* 1(3), 912-923.

Ujang, Norsidah (2014) *Atratividade do lugar e experiência de caminhada dos turistas na cidade de Kuala Lumpur, Malásia.* In: 5th International Cultural Landscape Conference, 17-18 Nov. 2014, Teerão, Irão. (Não publicado)

Ukpana, S. (2005). *Tourism Development in Nigeria (Desenvolvimento do Turismo na Nigéria)*. Lagos: Macmillan.

Um, S. & Crompton, J. L. (1987). Measuring Residents' Attachment Levels in a Host Community. *Journal of Travel Research*, 26(1), 27-29.

Umoh, E.E., Egbara, G.A., Muhammed, B.P & Essien, A. (2009). Restrições socioculturais à produção de arroz na Área de Governo Local de Obubra do Estado de Cross River, Nigéria. *Journal of Agric, forestry and social sciences*, 7(1), 16-24.

Declaração das Nações Unidas sobre os Direitos dos Povos Indígenas (2007). Sessenta e um plenário da Assembleia Geral, 107ª e 108ª reuniões, acedido em 10 de abril de 2014.

Declaração das Nações Unidas sobre os Direitos dos Povos Indígenas (2007).

Sessenta e Primeira Reunião Plenária da Assembleia Geral 107ª e 108ª (AM e PM), disponível em http://www.un.org/News/Press/docs/2007/ga10612.doc.htm, acedido em 10 de outubro de 2011.

PNUA E OMT. (2005). Tornar o turismo mais sustentável. A Guide for Policy Makers. Programa das Nações Unidas para o Ambiente e Organização Mundial do Turismo.

PNUA (2011). Porque é que uma economia verde é importante para os países menos desenvolvidos. Também ICTSD (Willemien Viljoen).

UNESCO. (1993). A Plan for safeguarding Petra and its surroundings; publicado no boletim informativo do património mundial, (2)

UNESCO. (2008). *Relatório final da formação sub-regional*. Workshop sobre o programa de educação ambiental Nekedem, Owerri.

Organização das Nações Unidas para a Educação, a Ciência e a Cultura. (2009). Património mundial da UNESCO [Em linha] Disponível: http://www.worldheritagesite.org (janeiro 2014).

Programa das Nações Unidas para o Ambiente (PNUA) (2013). Ambiente para o desenvolvimento: Impactos socioculturais do turismo. Quénia

Organização Mundial do Turismo das Nações Unidas (UNWTO).

Agência dos Estados Unidos para o Desenvolvimento Internacional USAID, [Online] Disponível: http://www.aced-jordan.com/files/publication (6 de janeiro de 2014).

Barómetro do Turismo Mundial da OMT, versão antecipada (janeiro de 2015).

UNWTO. (2001). Visão Turismo 2020. Organização Mundial do Turismo, Madrid.

UNWTO. (2010). Barómetro do Turismo Mundial da OMT, 8(2), junho.

Urry, J. (1991). The Sociology of Tourism. Progress in Tourism, Recreation and Conservation. *Journal of Tourism Research*, 2(3), 3445.

Urry, J. (2003). Social network, travel and talk. *British Journal of Sociology*, 54(2), 155-175.

Ushie, M. A, Otu, J. E & Undeelikwo, V.A (2014). Uma análise comparativa dos diferenciais de fertilidade no estado de Cross River. Estudos sobre países em desenvolvimento, 4(6), 36-40.

Uwadiegwu, B. O. (2002). Noções básicas de instalações recreativas e turísticas, planeamento. Enugu: Academic Publishing Co.

Uysal, M. (2000). *Peak Performance em Turismo e Hotelaria*

Vilayphone S. (2010). Estado atual e desenvolvimento do turismo em Luang Prabang. *Revista Científica da Universidade Nacional do Laos, 4, 167180.*

Vincent, V. C. & Thompson, W. (2002) Assessing community support and sustainability for ecotourism development, *Journal of Travel Research*, 41 (2), 153-160.

Vogt, N. D., Banana, A. Y., Gombya-Ssembajjwe, W., & Bahati, J. (2006). Understanding the stability of forest reserve boundaries in the West Mengo region of Uganda (Compreender a estabilidade dos limites das reservas florestais na região de Mengo Oeste do Uganda). *Ecologia e Sociedade, 11*(1), 38

Wahab, S. & Pigram, J. (1997) Tourism, Development and Growth the challenge of sustainability, Routledge.

Wahab, S. & Pigram, J. (2005). Desenvolvimento e crescimento do turismo: The challenge of sustainability. Routledge, Canadá e EUA.

Wahba, M.A & Bridwell, L.G. (1976). Comportamento organizacional e desempenho humano. *Ciências Sociais e Humanas*, 15(2), 212-240.

Wall, G. (1994). "Perspectivas do turismo em aldeias balinesas selecionadas". *Annals of Tourism Research*. 23(1), 123-130.

Wallance, A. F. C. (1996). "Movimentos de revitalização". *American Anthropologist*, 58(2), 264-281.

Walpole, M., & Goodwin, H. (2001). Local attitudes towards conservation and tourism around Komodo National Park, Indonesia. *Environmental Conservation, 28*, 160-166.

Wegner, A., Allison, H., & Tremblay, P. (2009). *Lidar com a complexidade em contextos turísticos: a aplicabilidade do "Processo de futuros resilientes" à gestão de recursos turísticos*. Comunicação apresentada na conferência "See Change": tourism and hospitality in a dynamic world, CAUTHE 2009.

Wehba, M.A & Bridwell, L.G (1976). Comportamento organizacional e desempenho humano: *Social Science and Humanities*. 15(2), 212-240.

Weigârd, Jarle, (2008). Is there a special justification for indigenous rights?" in indigenous people's self-determination, knowledge, indignity, Eburon, 177-192.

Wenjun, L. (2005). *Community decision making*: participation in development. Beljin: Imprensa da Universidade de Pequim.

White, P. E. (1974). O impacto social do turismo nas comunidades de acolhimento: A Study of Language Change in Switzerland. Documento de investigação n.º 9. Escola de Geografia de Oxford: Universidade de Oxford.

Wicker, F. W., Brown, G., Wiehe, J.A., Hagen, A.S. e Reed J.L. (1993). "On Reconsidering Maslow: An Examination of the Deprivation/Domination Proposition". *Journal of Research in Personality* 27, 118-33.

Wiley Kinnaird V, Hall D. (1994). The way forward in *tourism: A Gender Analysis*, ed. VKinnaird, Hall, 210-16. Sussex, Reino Unido: Wiley

Wilkinson PF, Pratiwi W. (1995). Gender and tourism in an Indonesian village (Género e turismo numa aldeia indonésia). *Annals Tourism Resource.* 22, 283-299

Williams, J. & Lawson, R. (2001). Community issues and resident opinions of tourism. *Annals of Tourism Research,* 28(2), 269-290.

Williamson, A. (1998). A idade de ouro das viagens: Os anos românticos das imagens turísticas. Thomas Cook publishing.

Williamson, O. E. (2000). The New Institutional Economics: Taking Stock, Looking Ahead. *Journal of Economic Literature, 38*(3), 595-613.

Wittwer, G., & Horridge, M. (2007). *CGE modelling of the resources boom in Indonesia and Australia using TERM.* Documento apresentado na 51ª conferência anual da AARES.

Wolfensohn, J. D. (1996). Prefácio. In Havel, V. (1996) *The World Bank Participation* source book.

Wood R.E. (1998a) Tourism, Culture and the Sociology of Development. In: Hitchcock M. *et. al* (1993) Tourism in South-East Asia. London: Routledge.

Wood, M. E. (1993). Costa Rican Parks Threatened by Tourism Boom, *the Ecotourism Society Newsletter,* 3 (1), 1-2.

Wood, M.E. (2002). *Ecotourism: principles, practices and policies for sustainability.* Programa das Nações Unidas para o Ambiente e Sociedade Internacional de Ecoturismo, p. 12.

Wood, R. E. (1998b). Etnicidade turística: um breve itinerário. *Ethics and Racial Studies*, 21: 218-241.

Woollett, G. (2007). *Structural Change in the Australian Economy: the S- shaped curve applied to consumer demand.* Dissertação de doutoramento. Universidade de Queensland.

Banco Mundial, (1993). *Trend in Developing Countries.* Washington D.C.: Banco Mundial

Comissão Mundial para a Cultura e o Desenvolvimento (1995) "Our Creative Diversity; Report of the World Commission on Culture and Development; Paris.

Conselho Mundial de Turismo e Viagens. (2012). Economia das viagens e do turismo

Impacto 2012. Disponível em:

http://www.wttc.org/site_media/uploads/downloads/world2012. pdf.

Organização Mundial do Turismo (2000). *Destaques do Turismo 2000*. Madrid: OMT. 2nd Ed.

World Travel and Tourism Council (2014), WTTC, disponível em: http://www.wttc.org/eng/Tourism_Research/Economic_Research/Re gional Reports. WTTC, Londres.

OMT (1985) Definition of cultural tourism, em Richards, G. (1993) 'Cultural tourism in Europe', em Cooper, C.P. & Lockwood, A. (ed) *Progress in Tourism, Recreation and Hospitality Management*, (pp.100), Grã-Bretanha, John Wiley & Sons Ltd.

OMT (2004). *Destaques do Turismo, Edição 2004.* Madrid: OMC, Departamento de Publicações.

OMT (2005). *Tornar o turismo mais sustentável: A Guide for Policy Makers*.

OMC (2010). *Turismo e redução da pobreza.* Madrid: Organização Mundial do Turismo (OMT)

OMT, (2013). Receitas do turismo internacional (comunicado de imprensa) recuperado em 15th janeiro, 2014

WTTC (2010): *The 2010 Travel and Tourism Economic Research*. Ferramenta de pesquisa de dados económicos. Conselho Mundial de Viagens e Turismo. www.wttc.org.

Yamamura, T. (2004). Autenticidade, etnicidade e transformação social em sítios do Património Mundial: turismo, comércio a retalho e mudança cultural em Lijiang, China. Em D. Hall (Ed.), *Tourism and Transition: Governance, Transformation and Development* (pp. 185-200). Wallingford: CABI.

Yan, J. (2008), "Ethical imperatives in nation branding: smaller nations enter the global dialogue through nation branding", (pp. 170-179), citado em Dinnie, K. (2008), "Nation Branding: concepts, issues, practice", Butterworth-Heinemann

Dutton, Oxford.

Yang, D. L. (2006). Economic transformation and its political discontents in China: authoritarianism, unequal growth, and the dilemmas of political development. *Annual Review of Political Science, 9*, 143164.

Yang, Y. (2010). *Análise dos transportes públicos para o turismo urbano na China*. Universidade de Hong Kong, Hong Kong.

Yeo, Y. (2013). Avaliação da satisfação da experiência dos turistas com um destino patrimonial. Tese de acesso livre. Documento 107.

Yeoman, I., Greenwood, C., & McMahon-Beattie, U. (2009). The future of Scotland's international tourism markets. *Futures, 41*(6), 387-395.

Zahra, A. (2006). *Regional Tourism Organisations in New Zealand from 1980 to 2005: Process of Transition and Change.* Universidade de Waikato.

Zahra, A., & Ryan, C. (2007). Do caos à coesão - Complexidade nas estruturas turísticas: Uma análise das organizações regionais de turismo da Nova Zelândia. *Tourism Management, 28*(2007), 854-862.

Zappino, V. (2005). Caribbean tourism and development: An overview (Documento de reflexão n.º 65). *Especialista em desenvolvimento turístico*. Cosenza, Itália.

Zhang, X. Z. (2008), *Asian energy and environmental policy: Promoting growth while preserving the environment.* Preparado para o seminário KEI northeast energy outlook. Instituto Económico da Coreia, Coreia.

Zhao, W. & Ritchie, J. R. (2007). Tourism and poverty alleviation: an integrative research framework, *Current Issues in Tourism*, 10 (2&3), 119-143.

Zhong, L., Deng, J., & Xiang, B. (2007). O desenvolvimento do turismo e o modelo de ciclo de vida da área turística: Um estudo de caso do Parque Florestal Nacional de Zhangjiajie, China. *Tourism Management, 29*(5), 841-856.

Zikmund, W. G. (1997). *Exploring Marketing Research* (7th Ed.). Orlando,

Flórida, EUA. Harcourt Brace & Company.

Zomeni, M., Tzanopoulos, J., & Pantis, J. D. (2008). Análise histórica da mudança da paisagem utilizando técnicas de deteção remota: Uma ferramenta explicativa da transformação agrícola nas zonas rurais gregas. *Paisagem e Planeamento Urbano, 86*(1), 38-46.

Apêndice

APÊNDICE 1: QUESTIONÁRIO PARA OS INQUIRIDOS

Assinalar a casa correspondente, se necessário

Secção A: Informações pessoais

1. Sexo: a) Masculino ( ) b) Feminino ( )
2. Estado civil: a) Solteiro ( ) b) Casado ( ) c) Divorciado ( )
3. Qualificações académicas: a) FLSC ( ) b) WAEC/GCE ( ) c) B.Sc. (

) d) Mestrado ( )

e) Nenhum ( )

4. L.G.A. a) Calabar Municipality ( ) b) Calabar South ( ) c) Yakurr (

d) Obanliku ( )

5. Religião: a) Cristianismo ( ) b) Muçulmano ( ) c) Paganismo ( )
6. . Idade: --------------------------

SECÇÃO B: Valores socioculturais dos povos indígenas

1. É residente nesta zona? a) Sim ( ) b) Não ( )
2. Há quanto tempo está nesta zona?--------------------------
3. É natural desta zona? a) Sim ( ) b) Não ( )
4. Em caso afirmativo, quais são os valores socioculturais da sua região?
5. Por favor, classifique os seguintes valores socioculturais de importância na sua região, utilizando a seguinte escala fornecida no quadro abaixo;

S/N	Valores socioculturais	Classificação
I	Festivais	
Ii	Artes	
Iii	Artesanato	
Iv	Tradição religião	
V	Costumes locais	

Vi	Paisagens	
Vii	Alojamento	
Viii	Alimentação	
Ix	Bebidas	
X	Lembranças	
Xi	Manifestações culturais	
xii	Modo de vestir	
xiii	Outros (especificar)	

*Escala: 1-5, sendo 5 a pontuação máxima e 1 a pontuação mais baixa.

6. Existem eventos culturais na vossa comunidade que se relacionem com valores socioculturais? a) Sim ( ) b) Não ( ) c) Não faço ideia ( )

7. Quais são os principais valores socioculturais que são influenciados positivamente pela interação com os turistas?

S/N	Valores socioculturais	Classificação
I	Festivais	
Ii	Artes	
Iii	Artesanato	
Iv	Tradição religião	
V	Costumes locais	
Vi	Paisagens	
vii	Alojamento	
viii	Alimentação	
Ix	Bebidas	
X	Lembranças	
Xi	Manifestações culturais	
xii	Modo de vestir	
xiii	Outros (especificar)	

8. Quais são os principais valores socioculturais que são influenciados negativamente pela interação com os turistas?

S/N	Valores socioculturais	Classificação
I	Festivais	
Ii	Artes	
Iii	Artesanato	
Iv	Tradição religião	
V	Costumes locais	
Vi	Paisagens	

vii	Alojamento	
viii	Alimentação	
Ix	Bebidas	
X	Lembranças	
Xi	Manifestações culturais	
xii	Modo de vestir	
xiii	Outros (especificar)	

9. Se a resposta for afirmativa, quais dos seguintes eventos culturais se realizam na sua zona e em que época. (Assinalar o espaço adequado no quadro seguinte).

S/N	Eventos culturais	Resposta	Frequência das ocorrências
I	Festa do inhame novo		
Ii	Casamento tradicional		
Iii	Festival de máscaras		
Iv	Festa tradicional de carnaval		
V	Enterro		
Vi	Festa de Natal		
vii	Luta livre tradicional		
	festival		
viii	Nomeação de crianças		
Ix	Competições desportivas		
X	Concurso de beleza		
Xi	Outros (especificar)		

10. Estes eventos atraem visitantes/turistas? a) Sim ( ) b) Não ( )

11. Que outros eventos atraem pessoas à sua zona?--------------------------

12. Quem organizou essa atividade? a) Governo ( ) b) Particulares ( ) c) Grupo de pessoas ( ) d) ONG ( ) e) Outros (especificar)

13. Participa de alguma forma no evento? a) Sim ( ) b) Não ( )

1. Em caso afirmativo, em qual dos eventos participou? ------------------

13. Há quanto tempo experimentou ou participou no evento? -------------

14. As pessoas visitam a sua comunidade com o objetivo de participar no evento? Sim ( ) Não ( )

15. Em caso afirmativo, que tipo de pessoas? --------------------------------

16. Em que atividade participam e interagem com as pessoas? -------------

17. Por favor, assinale as coisas que faz em comum com os visitantes ou turistas (assinale de forma adequada no quadro seguinte)

S/N	Área de interação	Classificação
i	Trocar saudações e cumprimentos	
ii	Alimentação	
iii	Beber	
iv	Dançar	
v	Compras	
vi	Vestir	
vii	Casamento	
viii	Reuniões	
ix	Namoro	
x	Clube	
xi	Cinema	
xii	Outros (especificar)	

* Escala de 1 a 5, em que 1 é a pontuação mínima e 5 é a pontuação máxima

18. Que parte dos valores socioculturais autóctones foi abandonada? ------

19. Que parte do estilo de vida dos turistas foi adoptada pela população local?

20. Que parte dos valores socioculturais das pessoas foi gravemente afetada pela sua interação com os visitantes? ---

21. Que parte dos valores socioculturais das pessoas foi mais afetada pela sua interação com os visitantes/turistas? ---

22. Qual é a parte dos valores socioculturais adoptados que as pessoas mais preferem?

S/N	Valores socioculturais	Classificação
I	Festivais	
Ii	Clubes	
Iii	Beber	
Iv	Prostituição	
V	Jogos de azar	
Vi	Envolvimento no crime	

vii	Celebração do aniversário	
viii	Hábito alimentar	
Ix	Tipos de bebidas	
X	Lembranças	
Xi	Viajar	
xii	Modo de vestir	
xiii	Fumar	
xiv	Maquilhagem	
Xv	F ashion	
xvi	Outros (especificar)	

*Escala: 1-5, sendo 5 a pontuação máxima e 1 a pontuação mais baixa.

23. Que parte dos valores socioculturais da população se extinguiu devido à sua interação com os turistas? --

24. A partir da sua observação, qual é a perceção dos turistas relativamente a estas actividades? ---

25. Quais destas actividades lhes agradam mais? ----------------------------

26. Existem barreiras que limitam as interações com os turistas ou visitantes? a) Sim ( ) b) Não ( )

27. Em caso afirmativo, quais são as barreiras que limitam as interações entre as pessoas da comunidade e os visitantes? --

SECÇÃO C: Avaliação dos impactos socioculturais das visitas turísticas na zona

1. Os turistas são simpáticos com a população local da sua zona? a) Sim ( ) b) Não ( )

2. Qual é o grau de interação durante a visita? a) Muito livre ( ) b) livre ( ) c) restrito ( )

3. Que áreas/sítios socioculturais visitam mais? ---------------------------

4. Com que tipo de pessoas interagem mais? a) crianças b) idosos ( ) c) rapazes ( ) d) mulheres ( ) e) raparigas ( )

5. A sua interação afectou algum dos comportamentos socioculturais da sua

comunidade ? a) Sim ( ) Não ( )

6. Se a sua resposta à pergunta 5 for afirmativa, assinale no quadro seguinte o domínio em que se observam as alterações

S/N	Área das alterações observadas	Carraça
i	Código de vestuário	
ii	Passos de dança	
iii	Tipo/habito alimentar	
iv	Tipo de bebida/habito	
v	Língua /dialeto	
vi	Religião	
vii	Padrão de construção	
viii	Padrão de tráfego/congestionamento	
ix	Ingestão de medicamentos	
x	Prostituição	
xi	Envolvimento no crime	
xii	meios de comunicação tradicionais	
xiii	Custo de vida	
ix	Resolução de litígios	
x	Tipo de música	
xi	Promiscuidade (Prostituição)	
xii	Envolvimento em jogos de azar	
xiii	Participação nas actividades do clube	
xiv	Aumento da taxa de criminalidade	
xv	Aumento do número de divórcios	
xvi	Aumento do materialismo entre as mulheres	
xvii	Aumento do materialismo entre os jovens	
xviii	Enfraquecimento da coesão da comunidade local	
xix	Outros (especificar)	

7. Como é que os turistas se comparam com a população local? a) como inferiores ( ) b) como iguais ( )

8. Avalie o impacto destas mudanças no estilo de vida das pessoas

S/N	Área das alterações observadas	Classificação
i	Código de vestuário	
ii	Passos de dança	
iii	Tipo/habito alimentar	
iv	Tipo de bebida/habito	
v	Língua /dialeto	

vi	Religião	
vii	Padrão de construção	
viii	Padrão de tráfego/congestionamento	
ix	Ingestão de medicamentos	
x	Prostituição	
xi	Envolvimento no crime	
xii	meios de comunicação tradicionais	
xiii	Custo de vida	
Xiv	Resolução de litígios	
xv	Tipo de música	
xvi	Promiscuidade	
xvii	Envolvimento em jogos de azar	
xviii	Participação nas actividades do clube	
xix	Aumento da taxa de criminalidade	
xx	Aumento do número de divórcios	
xxi	Aumento do materialismo entre as mulheres	
xxii	Aumento do materialismo entre os jovens	
xxiii	Enfraquecimento da coesão da comunidade local	
xxiv	Outros (especificar)	

*Escala de 1 a 5, em que 1 é a pontuação mais baixa e 5 é a pontuação máxima.

Secção D: Influência das actividades turísticas na zona

S/N	Parte da vida familiar afetada pelo turismo	Carraça
I	Tempo passado com a família	
Ii	Mudança de atitude em relação aos parceiros	
Iii	meios de comunicação tradicionais	
Iv	Perturbação da paz	
V	Aumento da criminalidade	
Vi	Aumento da promiscuidade	
Vii	Aumento do alcoolismo	
viii	Aumento das actividades nocturnas	
Ix	Participação nas actividades do clube	
X	Aumento do preço dos produtos de base	
Xi	Aumento do custo de vida	
Xii	Aumento da procura por parte das mulheres	
xiii	Diminuição da ocupação tradicional	
Xiv	Diminuição do número de pessoas envolvidas na atividade agrícola	
Xv	Aumento do número de pessoas que procuram emprego na	

	administração pública	
xvi	Aumento dos casos de divórcio	
xvii	Aumento dos casos de gravidez na adolescência	
xviii	Aumento das doenças	
xviii	Aumento do cultismo	
Xiv	Outros (especificar)	

1. Existem projectos de desenvolvimento turístico na sua comunidade? a) Sim b) Não ( )

2. Que aspectos dos projectos de desenvolvimento turístico afectam diretamente a população? --

3. Considera que a vida familiar na sua região foi afetada de alguma forma pelo turismo? a) Sim ( ) b) Não ( )

4. Na sua opinião, o que é que o desenvolvimento do turismo na sua região fez às pessoas?---

5. Existem hotéis desenvolvidos em resultado da indústria do turismo? a) Sim b) Não ( )

6. Que actividades considera serem comuns nos hotéis? a) discoteca ( ) b) bebida ( ) c) prostituição( ) d) comer( ) e) jogo ( ) f) fumar ( )

7. Em quais destas actividades mencionadas participa? -------------------

8. Estas actividades afectaram a vida sociocultural das populações? a) Sim b) Não ( )

9. assinale corretamente as alterações observadas no quadro seguinte

10. Qual é o nível de envolvimento dos jovens nas actividades acima referidas? a) muito envolvido ( ) b) envolvido ( ) c) não envolvido ( )

11. Que medidas de intervenção são adoptadas para controlar estas mudanças negativas no estilo de vida sociocultural da população?----------------------

12. Quais são as agências envolvidas na gestão dos impactos socioculturais negativos?---

APÊNDICE 2:

LISTA DE CONTROLO DOS LOCAIS DE ALOJAMENTO NA ZONA DE ESTUDO

Nome do estabelecimento: --

LGA:

1. Informações sobre as chegadas de turistas internacionais (Ano--------)

Origem	Jan	Fev	Mar	abril	maio	Jun	Jul	agosto	setembro	outubro	Nov	Dez
Total												

2. Informações sobre as chegadas de turistas nacionais (Ano -------)

Origem	Jan	Fev	Mar	abril	maio	Jun	Jul	agosto	setembro	outubro	Nov	Dez
Total												

LISTA DE CONTROLO DO ALOJAMENTO NO ESTUDO

ÁREA

Nome do estabelecimento:--

LGA:

3. Informações sobre o motivo da visita dos turistas por mês (Ano ------)

Objectivos das visitas	Jan	Fev	Mar	abril.	maio	junho	julho	Ago.	Set.	Out.	Nov.	Dez.	Total
Visitas a amigos e Família													
Eventos culturais													
Casamentos													
Férias													
Seminário													
peregrinação													
Académico													
Desporto													
Festa do inhame novo													
Total													

4. Informações sobre o motivo da visita dos turistas por mês (Ano ----------)

Objectivos das visitas	Jan	Fev	Mar	abril.	maio	junho	julho	Ago.	Set.	Out.	Nov.	Dez.
Visita a amigos e familiares												
Culturais eventos												
Casamentos												

Férias												
Seminário												
peregrinação												
Académico												
Desporto												
Festival de Nova Iorque												
Total												

MIX
Papier aus verantwortungsvollen Quellen
Paper from responsible sources
FSC® C105338

Printed by Books on Demand GmbH, Norderstedt / Germany